"十四五"职业教育国家规划教材

影视后期制作

（Premiere CC）

刘焕兰　主　编

封春年　文珑燕　副主编

電子工業出版社

Publishing House of Electronics Industry

北京·BEIJING

内 容 简 介

Premiere 视频编辑是计算机应用、计算机动漫、平面广告设计等相关专业的一门核心课程，主要培养学生的视音频采集、编辑、输出的能力。

Premiere CC 是由 Adobe 公司推出的一款优秀视音频采集、编辑软件，具有非线性编辑所需的三项功能：视音频采集功能、非线性编辑功能、视音频编码与输出功能。Premiere CC 具有功能强大、操作简单、管理方便、特技效果丰富等特点，可以实现视音频素材的编辑和剪辑、对视频转场的特效处理、视音频素材的特技处理、在视频素材上增加各种字幕等。Premiere CC 广泛应用于视音频多媒体制作及广告制作等领域。

本书共 6 章，主要内容有视频项目综合实训基本操作、视频转场特效制作、视频效果应用、音频效果应用、视频字幕制作、视频项目综合实训。

图书在版编目（CIP）数据

影视后期制作：Premiere CC / 刘焕兰编. —北京：电子工业出版社，2019.7

ISBN 978-7-121-37008-3

Ⅰ. ①影… Ⅱ. ①刘… Ⅲ. ①视频编辑软件 Ⅳ. ①TN94

中国版本图书馆 CIP 数据核字（2019）第 131951 号

责任编辑：关雅莉
印　　刷：天津千鹤文化传播有限公司
装　　订：天津千鹤文化传播有限公司
出版发行：电子工业出版社
　　　　　北京市海淀区万寿路 173 信箱　邮编　100036
开　　本：787×1 092　1/16　印张：14.5　字数：371.2 千字
版　　次：2019 年 7 月第 1 版
印　　次：2024 年 7 月第 7 次印刷
定　　价：48.00 元

前言 | PREFACE

　　Premiere CC 是由 Adobe 公司推出的一款优秀视音频采集、编辑软件，具有非线性编辑所需的三项功能：视音频采集功能、非线性编辑功能、视音频编码与输出功能。Premiere CC 具有功能强大、操作简单、管理方便、特技效果丰富等特点，可以实现视音频素材的编辑和剪辑、视频转场的特效处理、视音频素材的特技处理、在视频素材上增加各种字幕等。Premiere CC 广泛应用于视音频多媒体制作及广告制作等领域。

　　党的二十大报告提出："必须坚持科技是第一生产力、人才是第一资源、创新是第一动力，深入实施科教兴国战略、人才强国战略、创新驱动发展战略，开辟发展新领域新赛道，不断塑造发展新动能新优势。"本书坚持创新驱动发展原则，深入贯彻以学生为中心的发展思想，从视音频制作中所遇到的实际问题出发，采用"行动导向，任务驱动"的编写方式，将实际工作任务流程和软件知识融于一体，达到"做中学，学中做"的效果。第 1～5 章由若干任务组成，每个任务都从典型的视/音频编辑案例入手，分别通过展示任务（引领学生学习，激发学生学习兴趣）、任务分析（包括任务所包含的知识点、技能要素）、知识点学习、自主实践（在操作步骤中加小提示、小技巧和相关拓展知识）等流程循序渐进地让学生完成学习任务，然后要求学生自行制作完成一个类似的任务（举一反三），使学生深入理解与巩固掌握知识、技能、方法，培养学生创新意识和创新能力。并通过学习本书的应用案例，学生能够轻松掌握 Premiere CC 的软件知识和视音频制作基本操作流程、方法和技能，创作出属于自己的精彩作品。

　　本书共 6 章，前 5 章为任务部分，第 1 章是视频编辑基本操作，第 2 章是视频转场特效制作，第 3 章是视频效果应用，第 4 章是音频效果应用，第 5 章是视频字幕制作；第 6 章是视频项目综合实训部分，通过旅游风光片制作、新闻广告片头制作、美食广告片头制作 3 个项目的创作，培养学生综合运用知识、技能、方法的能力和创新能力。

　　本书由刘焕兰任主编，封春年、文珑燕任副主编，参与编写的人员还有吴振华、黎燕、陈锦秀、黄彪等，在此一并表示感谢。

　　本书配有电子教案、微视频作品、案例作品素材等，有需要者请与电子工业出版社联系。

　　由于编者水平有限，书中难免有疏漏和不足之处，恳请广大读者批评指正。

编　者

CONTENTS | 目录

第1章

视频编辑基本操作

1.1　初识 Premiere CC

　　本任务是通过启动 Premiere CC 2017 软件，新建项目、新建时间序列，导入素材，把素材拖曳到【时间轴】面板，进入 Premiere 编辑状态，初步掌握 Premiere CC 2017 的启动、新建项目、新建时间序列的方法，熟悉 Premiere CC 的工作界面。

知识点学习

1. 视频编辑基本知识

随着信息技术的发展，特别是网络技术的发展，自媒体（We Media）或称"个人媒体"时代已经来临，文字、图片已经远远不能满足人们的需求，视频受到越来越多民众的喜爱。视频能够很好地展现事物发生与发展变化的过程。了解视频的基础知识，掌握视频编辑的基本技能，可以把现实生活中的片段动态记录下来，通过编辑，即能按个人的喜好展现，动态保留生活片段。视频通常由摄像机拍摄，目前许多手机和数码照相机也有拍摄视频的功能，本书只讨论视频的编辑制作。

（1）数字视频知识。视频分为两类：一类为模拟视频，另一类为数字视频。早期的视频都是模拟视频，是一种用于传输图像和声音且随时间连续变化的电信号。模拟视频有许多缺点，如图像质量不高，而且随着观看次数的增加，质量越来越差，翻录的质量也是一次比一次差。数字视频的优点是，可以无失真地进行无限复制；可以用简单的方法对数字视频进行创造性编辑，如添加字幕、设置电视特技等；可以实现节目的交互，即将视频融进计算机系统。但数字视频有一个缺点，就是存在数据量大的问题，所以在储存和运输的过程中必须进行压缩和编码。

对于很多人来说，数字视频是随着 VCD 播放机一起进入家庭的。数字视频的产生、存储和播放方式，引领了多媒体技术的一场革命。播放模拟视频的电视机采用了隔行扫描的工作方式，也就是说，播放视频时，电视机上只有一半的像素是参与视频画面的显示，而处理数字视频的计算机显示器采用的是逐行扫描的工作方式，这就是为什么过去观看同一张 VCD，在计算机上观看比在电视机上观看图像更清晰的原因。

随着平板电视机的诞生，电视机进入高清时代，也支持逐行扫描的工作方式。电视机上标注的 1080p 或者 720p，都是支持逐行扫描的，同时标注 1080i 的，说明还支持隔行扫描。如今的 4K 电视机，清晰度是 1080p 的四倍，清晰度又一次取得飞跃。目前的电视机已经完全可以取代计算机显示器，成为家庭中多数设备的终端。

提个醒

如今，有线电视机顶盒、平板电视、互联网盒子、手机、平板电脑，输出的视频都是数字视频。

（2）电视制式。电视和电影都是由多幅连续的画面组成的，每一幅画面成为一帧，当这些画面按顺序快速显示时，由于人眼的视觉滞留特性，就形成了连续运动和变化的动态效果。要达到自然平滑的动态放映效果，控制播放速率起到关键性作用。经过研究和实验发现，合适的播放速度应为每秒 24～30 幅画面，如果以每秒低于 24 幅画面的速度播放，就会出现停顿、抖动的现象。

目前电影采用每秒 24 幅画面的速度拍摄，电视采用了两种不同的速度拍摄和播放，其中采用每秒 25 帧拍摄和播放的，称为 PAL 制式；采用每秒 30 帧速度拍摄和播放的，称为 NTSC 制式。PAL 制式和 NTSC 制式的主要区别在节目的编码、解码方式及场扫描频率是不同的。中国大陆、印度及欧洲的多数国家和地区采用的是 PAL 制式，而美国、日本、韩国及中国台湾地区等采用 NTSC 制式。

提个醒 --

计算机上的视频采集软件都同时支持 PAL 制式和 NTSC 制式，所以都能够导入计算机；但在编辑过程中，是不能同时使用 NTSC 制式和 PAL 制式的素材的，必须通过转化才能在同一时间轴上使用。

（3）视频格式。随着数字视频清晰度的增加，视频的数据量变得异常庞大，于是，在存储时就需要把视频数据进行压缩，播放时，再通过解压缩，把视频内容释放出来。采用的压缩方式不同，最终的效果也有所不同，不同的压缩方式，也就产生了不同的视频格式。

对影视信息进行压缩时，最常采用的是 MPEG 动态图像压缩标准，它是由动态图像专家组（Moving Picture Experts Group）制定的。1990 年通过了 MPEG-1 标准，VCD 就是采用了 MPEG-1 标准，一张 VCD 可以存放 70 分钟的影视信息；1993 年通过了 MPEG-2 标准，DVD 就是采用 MPEG-2 标准压缩影视和声音信息的，一张 DVD 的容量大约是 VCD 的七倍，而且影视的质量也更好，后来发展出来的蓝光 DVD 更是把清晰度推向了更高的层次。目前主流的 MPEG 标准是 MPEG-4，这是一种更开放的标准，这个标准涵盖内容非常广泛，不同的生产厂家可以采用这个标准制定不同的视频格式，比较流行的 MP4 格式视频，就是采用 MPEG-4 的部分标准。

下面介绍几种常用的视频文件格式。

① AVI：音视频交叉存取格式，是微软公司推出的一种编码技术，采用将视频和音频交织储存的方式，一度是视频文件的标准模式，几乎所有的视频播放软件它都支持，由于其本身的开放性，获得了众多编码技术研发商的支持。

② RMVB：曾经最流行的一种流媒体视频文件格式，是 Real Networks 公司制定的音频视频压缩规范，具有体积小、画面清晰的优点。RMVB 曾经是流媒体（支持边下载边播放的一种媒体格式）文件的主流，由于其十多年来一直没有更新标准，正逐渐被 MP4 文件所取代。

③ MP4：全称为 MPEG-4 part 14，是使用 MPEG-4 标准的一种视频文件格式。主要记录影像中个体的变化，因此即使影像变化速度很快、码率不足时，也不会出现类似于马赛克的画面。

④ FLV：全称为 Flash Video，是 Adobe 公司开发的一种流媒体视频格式，它的特点是形成文件小、加载速度快，是目前最主流的在线视频播放格式，被优酷、土豆、爱奇艺等视频播放网站广泛应用。

⑤ MOV：是苹果公司开发的一种视频格式，具有很高的压缩比和较完美的视频清晰度。它具有跨平台的特性，不仅能在苹果电脑、iPhone、iPad 上播放，也能在 Windows 中播放。

⑥ MKV：准确地说，MKV 不是一种媒体文件压缩格式，而是一种多媒体封装格式。它可将多种不同编码的视频及 16 条以上不同格式的音频和不同语言的字幕流封装到一个媒体文件中。MKV 最大的特点就是能容纳多种不同类型的编码视频、音频及字幕流。由于 MKV 能够提供多种语言的音频、多种语言的字幕，所以受到很多人的青睐。

2．Premiere 概述

能够进行视频编辑的软件有很多，Premiere 是 Adobe 公司推出的一款广播级的非线性视频编辑软件，它被广泛应用在电视节目、广告制作、电影制作等方面，是应用最为广泛的一款视频编辑软件。它提供了采集、剪辑、颜色修饰、字幕添加、视频动画、音频编辑、输出等一整套的制作流程。

Premiere 版本的命名经历了 3 种形式，不同的版本对计算机操作系统和内存的要求不一样，只有了解版本的知识，才能知道所需的计算机软件、硬件环境。

第一个版本是数字版本，如 Premiere 6.5、Premiere 7.0 等，后来，推出专业版，如 Premiere Pro 1.5、Premiere Pro 2.0 等。

第二个版本是 CS 版本，主要有：Premiere CS3、Premiere CS4、Premiere CS5、Premiere CS5.5 及 Premiere CS6。从 Premiere CS5 版本开始，必须安装在 64 位的计算机操作系统上。

第三个版本是 CC 版本，由于 Adobe 公司又推出 Creative Cloud，因此 Premiere 的版本又演变为 Premiere CC，提供官方简体中文语言支持，使用起来很方便。之后 Premiere CC 不断更新，并以年号为标识，如 Premiere CC 2017 版本等，如图 1.1.1 所示。

图 1.1.1　Premiere CC 2017 版本

本书以 Premiere CC 2017 版本为例，讲述 Premiere 的使用。除非特殊说明，本书提到的 Premiere CC 都是指 Premiere CC 2017 版本。

3．Premiere CC 工作界面

（1）打开与关闭 Premiere CC。和其他软件一样，在 Windows 中打开和关闭 Premiere CC 非常简单。单击【开始】按钮，在弹出菜单中选择【Adobe Premiere CC 2017】选项或双击桌面【Adobe Premiere CC 2017】快捷图标，即可以打开 Premiere CC。

Premiere CC 2017 启动成功以后，会弹出【开始】窗口，在【开始】窗口中，可以选择新建项目，也可以选择打开最近操作过的项目，如图 1.1.2 所示。

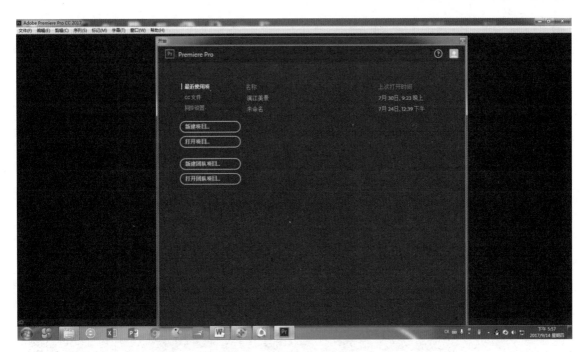

图 1.1.2　【开始】窗口

在窗口中选择【新建项目】选项，弹出【新建项目】对话框，如图 1.1.3 所示。

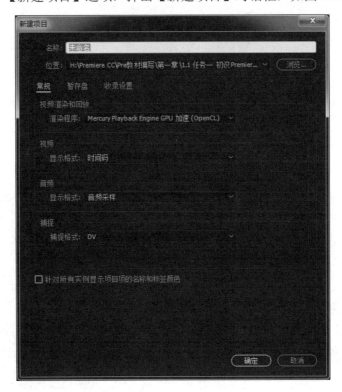

图 1.1.3　【新建项目】对话框

在【新建项目】对话框的【名称】中输入项目名称"练习 1"，在对话框的【位置】中选择项目保存的文件夹，单击【确定】按钮，新建一个名为"练习1"的项目，并打开项目操作窗口，如图1.1.4所示。

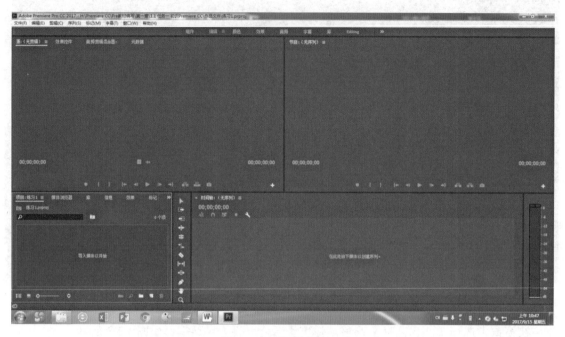

图 1.1.4　项目操作窗口

提个醒

　　项目操作窗口打开后，需要建立时间序列，才能进行视频编辑操作。

　　在菜单栏单击【文件】|【退出】或按组合键【Ctrl+Q】，可以关闭 Premiere，也可以单击窗口右上角的关闭按钮，退出 Premiere。

　　（2）窗口简介。在如图 1.1.4 所示的项目操作窗口中新建时间序列，并导入素材，进入 Premiere 编辑状态，如图 1.1.5 所示。

图 1.1.5　Premiere 编辑状态

Premiere 编辑状态窗口可以分为以下 5 个部分。

① 左上角为【源监视器】窗口，在这个窗口中可以播放准备进行编辑的视频素材，可以设置素材的入点和出点，从而将素材中的某个片段添加到【时间轴】面板中。【源监视器】窗口的顶端还有效果控件、音频剪辑混合器、元数据等选项卡，可以根据不同的需要对素材进行剪辑。底端有播放按钮和剪辑按钮，把鼠标移到按钮上，停留片刻，就会显示按钮的名称，如图 1.1.6 所示。

图 1.1.6　【源监视器】窗口

② 右上角为【节目监视器】窗口，用于播放正在编辑中的视频。在这个窗口中可以预览对视频进行编辑的最终效果，从而直观地反映出操作是否达到预期的效果，方便编辑者进行调整。在这个窗口的底端有播放指示器按钮和剪辑按钮，也可以设置入点和出点，可以精确添加或删除帧画面的位置。

③ 左下角是【项目】面板。在【项目】面板中，可以导入管理素材，序列文件已存放在该面板中。面板顶端有媒体浏览器、库、信息、效果、标记等选项卡，底端有【列表视图】【图标视图】等按钮，单击可以选择不同的显示方式来显示素材。

④ 右下角是【时间轴】面板，它是 Premiere 最重要的视频编辑区域，在这里可以按照时间顺序来排列和连接各种素材，也可以剪辑片段和叠加图层，设置动画关键帧与合成特效等。该面板默认有 3 个视频轨道和 3 个音频轨道，在【时间轴】面板上运用 Premiere 的各种功能，可以实现炫酷的视频编辑效果，如图 1.1.7 所示。

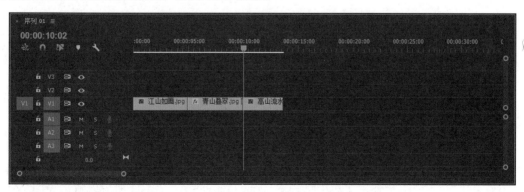

图 1.1.7　编辑状态下的【时间轴】面板

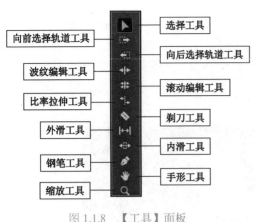

图 1.1.8　【工具】面板

⑤【项目】面板与【时间轴】面板之间是【工具】面板，如图 1.1.8 所示。

【工具】面板的各种工具，可以快捷、灵活地编辑【时间轴】窗口的素材。下面是各种工具用途的简介。

选择工具：用于选择轨道中的素材、移动素材及控制素材的长度。

向前选择轨道工具：在轨道中选择素材，同时选中该素材及其右侧同轨道的所有素材。

向后选择轨道工具：在轨道中选择素材，同时选中该素材及其左侧同轨道的所有素材。

波纹编辑工具：使用该工具拖曳素材的出点和入点，可以改变素材的长度，与其相邻的素材不发生变化，影片的总长度发生变化。使用该工具的前提是素材必须有可供调节的余量。

滚动编辑工具：使用该工具拖曳素材的出点和入点时，该素材的长度不发生变化，而相邻素材的长度发生变化，影片的总长度不变。使用该工具的前提是相邻的两个素材必须有可供调节的余量。

比率拉伸工具：使用该工具拖曳素材的头尾，可以加快或减慢素材的播放速度，从而缩短或增加播放时间。

剃刀工具：可以将素材分割为两段或多段。

外滑工具：可以重新定义素材的出点和入点。拖曳鼠标时，素材的出点和入点发生变化，但素材的总长度保持不变。也就是说，可以灵活地选择一段素材，而素材出现的长度是一定的。使用该工具的前提是素材必须具有可供调节的余量。

内滑工具：使用内滑工具拖曳素材时，被拖曳素材的出点和入点不发生变化，其左侧素材的出点和右侧素材的入点发生相应变化。使用该工具的前提是其相邻素材必须具有可供调节的余量。

钢笔工具：用于调整物体的运动路径。

手形工具：可以改变轨道在【时间轴】窗口中显示的位置，素材不发生变化。

缩放工具：使用该工具单击【时间轴】窗口，可以放大时间标尺；按住【Alt】键时，可以缩小时间标尺。

提个醒

Premiere CC 的窗口并不是一成不变的，进入不同的工作状态，Premiere CC 的窗口也会有所改变，并且窗口面板的位置可以移动。

自主实践

1. 打开 Premiere CC 软件

单击【开始】按钮，在弹出菜单中选择【Adobe Premiere CC 2017】命令或双击桌面"Adobe

Premiere CC 2017"快捷图标，打开 Premiere CC。

2．【开始】窗口操作

在【开始】窗口中，选择【新建项目】选项。

3．【新建项目】对话框操作

在【新建项目】对话框的【名称】中输入项目名称"练习 1"，在对话框的【位置】中选择项目保存的文件夹，单击【确定】按钮，新建完成一个名为"练习 1"的项目，并打开项目操作窗口。

4．建立时间序列

在菜单栏中单击【文件】|【新建】|【序列】或按组合键【Ctrl+N】，打开【新建序列】对话框，在【新建序列】对话框的【可用预设】列表中选择国内电视制式通用的【DV-PAL】|【标准 48kHz】，在【序列名称】栏中输入序列名称，单击【确定】按钮，建立时间序列，如图 1.1.9 所示。

图 1.1.9 【新建序列】对话框

5．导入素材文件

在菜单栏中单击【文件】|【导入】或按组合键【Ctrl+I】，打开【导入】对话框，如图 1.1.10 所示。

在【导入】对话框中选择"花.tif"文件，单击【打开】按钮，"花.tif"文件被导入【项目】面板，如图 1.1.11 所示。

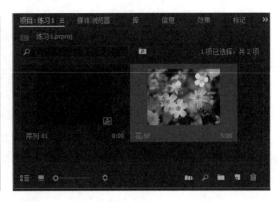

图 1.1.10 【导入】对话框　　　　　　　　　图 1.1.11 导入"花.tif"的【项目】面板

6. 素材文件拖曳到【时间轴】面板

在【项目】面板中把"花.tif"文件拖曳到【时间轴】面板，即得如图 1.1.5 所示的 Premiere 编辑状态。

 举一反三

新建一个名为"荷花"的项目文件，导入素材文件，将素材文件插入【时间轴】面板，如图 1.1.12 所示。

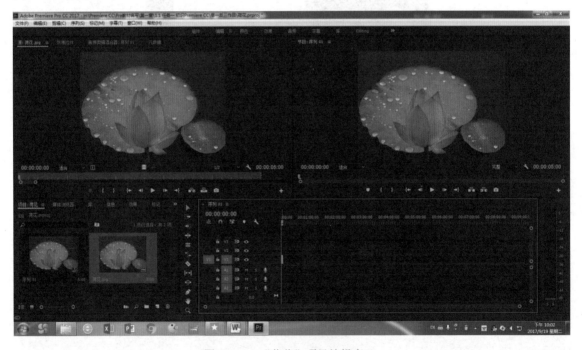

图 1.1.12 "荷花"项目编辑窗口

1.2 Premiere CC 的影片制作流程

任务展示

任务分析

本任务是剪辑"动车1.avi"与"动车2.avi"两段视频，使成为一个视频片段，初步了解视频编辑的工作过程，熟悉 Premiere CC 新建项目、新建序列、导入素材、素材简单剪辑、输出视音频等基础流程的操作。

知识点学习

1. 视频编辑的工作过程

视频编辑就是把原始的素材编辑成影视作品，工作过程包括以下步骤。

（1）准备素材。在制作一部影视作品的过程中，准备素材是完成作品的各个步骤中最耗费时间的，包括使用摄像机来拍摄视频、使用录音机来采集声音、使用数码相机来拍摄图片、使用 Photoshop 来制作特殊效果图片等。同时在准备过程中，要对素材进行管理，包括检查素材的格式是否是支持的、素材是否完整、素材与素材之间的清晰度是否匹配等。

（2）设计编辑流程。编辑流程是把各种素材剪辑成一个作品的过程。由于有些视频编辑中的工作是不可逆的，所以必须事先做好编辑计划。

（3）创建项目并导入素材。使用 Premiere 编辑一部作品时，首先要建立一个项目文件；其次在项目文件中创建序列；最后把素材导入项目，按照类别存放到相应位置，以备编辑时使用。

（4）编辑素材。将实拍到的素材按照编辑的流程组接，在 Premiere 的【时间轴】面板中，按照指定的播放顺序将不同的素材组接成整个片段，也可使用【工具】面板的工具快速剪辑素材。

（5）设置转场。转场可以实现从一个场景视频到另一个不同场景视频的平滑过渡。Premiere 提供了多种转场特效，可以实现令人炫目的效果。

（6）视频特效。Premiere 支持许多视频特效，如运动特效就支持视频产生位移或缩放效果，场景合成特效可以实现两个视频的叠加等。

（7）设置字幕。视频作品离不开字幕，这些字幕可以是视频中人物的台词，也可以是片名、演职人员表等内容。Premiere 提供强大的字幕制作工具，同时支持将 Photoshop 等软件制作的图形、图片作为字幕插入视频。

（8）添加音频。拍摄视频时录制的声音往往有很大的噪声，这需要进行降噪处理，也可以给视频配上合适的音乐，甚至后期配音等。

（9）导出影片。这是制作影视作品的最后一步，设置相应的压缩格式，就可以导出对应格式的作品。可以是目前常见的各种视频文件，也可以是 DVD 等格式。Premiere 有多种输出格式供选择。

2．Premiere CC 基础流程的操作

Premiere CC 是一款功能强大的非线性编辑软件，而且操作起来并不复杂。使用 Premiere CC 对任何电视节目、DVD、网络的素材进行编辑，其操作都会遵循一个相似的操作流程。Premiere CC 进行影视编辑的基本工作流程如下。

（1）Premiere CC 新建项目文件方法。

方法一：打开软件后，在【开始】窗口中，选择【新建项目】，在弹出的【新建项目】对话框的【名称】中输入项目名称，在对话框的【位置】中选择项目保存的文件夹，单击【确定】按钮，即新建一个项目文件，具体操作见任务一。

方法二：进入 Premiere 编辑状态后，如需建立新的项目，可以在菜单栏中单击【文件】|【新建】|【项目】，如图 1.2.1 所示，或者按组合键【Ctrl+Alt+N】，打开【新建项目】对话框，在对话框的【名称】中输入项目名称，【位置】中选择项目保存的文件夹，单击【确定】按钮，即新建一个项目文件。

图 1.2.1　【新建】级联菜单

使用方法二新建项目时，如果当前正在编辑的项目没有保存，则会弹出提醒保存的信息。

（2）Premiere CC 导入素材方法。

方法一：在菜单栏中单击【文件】|【导入】或按组合键【Ctrl+I】，打开【导入】对话框，在【导入】对话框中选择素材，单击【打开】按钮，素材被导入【项目】面板，具体操作见 1.1。

方法二：在【项目】面板中，单击【媒体浏览器】，在其弹出的下拉列表中选择存放素材的文件，在右边显示窗口选择相应素材，右击，在弹出的快捷菜单中选择【导入】选项，如图 1.2.2 所示。素材即被导入【项目】面板。

如果在选择素材时选多个素材，以上所介绍的两种素材导入方法，均可同时导入多个素材。

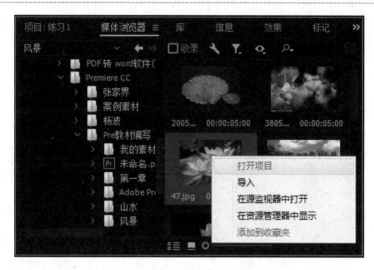

图 1.2.2　快捷菜单导入素材

（3）简单编辑素材。素材导入【项目】面板后，可把素材拖曳到【源监视器】窗口，进行剪辑后，再插入【时间轴】面板的轨道上，也可直接把素材拖曳到【时间轴】面板的轨道上，利用【工具】面板的工具进行简单的编辑，把各素材剪辑成视频片段，如图 1.2.3 所示。

（4）输出视音频。在菜单栏中单击【文件】|【导出】|【媒体】，如图 1.2.4 所示，或者按快捷键【Ctrl+M】，打开【导出设置】对话框，如图 1.2.5 所示。在【导出设置】对话框中，选择导出格式为"AVI"，输出的名称为默认的"序列 01.avi"，在对话框的【摘要】栏可以查看"输出"和"源"体的参数，在对话框的【视频】选项卡下拉列表中可以设置输出视频的参数，单击【导出】按钮，弹出如图 1.2.6 所示的【编码】对话框，提示软件正在进行编码，进度完成 100%后，视频导出保存。

导出视音频后，项目文件需保存，以便继续编辑。在菜单栏中单击【文件】|【保存】或按组合键【Ctrl+S】，保存项目文件。

图 1.2.3　素材的简单剪辑

图 1.2.4　【导出】级联菜单

图 1.2.5　【导出设置】对话框

图 1.2.6　【编码】对话框

自主实践

下面的操作是剪辑两段视频，使之成为一个视频片段。

1．新建项目文件

启动 Premiere CC，在【开始】对话框中选择【新建项目】选项，弹出【新建项目】对话框。在【新建项目】对话框的【名称】栏输入"练习二"，在【位置】栏选择存储位置，单击【确定】按钮，进入 Premiere CC 编辑界面。

2．建立时间序列

在菜单栏中单击【文件】|【新建】|【序列】或按组合键【Ctrl+N】，打开【新建序列】对话框，在【可用预设】列表中选择国内电视制式通用的【DV-PAL】|【标准 48kHz】，在【序列名称】栏中输入序列名称"动车"，单击【确定】按钮，建立时间序列。

3．导入素材文件

在菜单栏中单击【文件】|【导入】或按组合键【Ctrl+I】，打开【导入】对话框，选择"动车 1.avi"视频文件，如图 1.2.7 所示。使用同样的方法导入"动车 2.avi"视频文件。

图 1.2.7　导入视频文件

4．编辑视频文件并插入时间轴

双击"动车 1.avi"文件，视频文件即在【源监视器】窗口中打开，在【源监视器】窗口中播放视频，可以看到播放 10 秒后动车已不见，只有铁路，下面把 10 秒后的视频剪去。

把"动车 1.avi"文件拖曳到【时间轴】面板的轨道上，单击【工具】面板的【选择】工具，把鼠标移到【时间轴】面板"动车 1.avi"素材所在轨道的末尾，当指针的箭头指向左边时单击，确定往左剪辑素材，如图 1.2.8 所示。然后按住鼠标左键不放，向左边拖曳指针到 10 秒处，松开鼠标，"动车 1.avi"视频轨道上 10 秒后的素材就被剪去，如图 1.2.9 所示。用同样的方法，把"动车 1.avi"音频轨道上 10 秒后的素材也剪去。

图 1.2.8　向左剪辑素材

图 1.2.9　剪去 10 秒后的素材

把"动车 2.avi"文件拖曳到【时间轴】面板"动车 1.avi"素材 10 秒的位置，合成一段动车运行的视频，如图 1.2.10 所示。

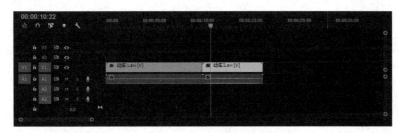

图 1.2.10　将两段视频剪辑在一起

5. 预览影片

在【节目监视器】窗口中，单击【播放】按钮，预览影片，如图 1.2.11 所示。

图 1.2.11　预览影片

6. 输出视音频

在菜单栏中单击【文件】|【导出】|【媒体】或按组合键【Ctrl+M】，打开【导出设置】对话框。在【导出设置】对话框中，选择导出格式为"AVI"，输出的名称为默认的"序列 01.avi"，单击【导出】按钮，导出视频。

7. 保存项目文件

在菜单栏中单击【文件】|【保存】或按组合键【Ctrl+S】，保存项目文件。

举一反三

制作"火车"视频片段。剪辑"火车 1.avi"与"火车 2.avi"两段视频，将素材"火车 1.avi"15 秒后的部分剪去后插入素材"火车 2.avi"，使之成为一个视频片段，如图 1.2.12 所示。

图 1.2.12　"火车"视频制作

1.3　Premiere CC 的素材管理

任务展示

任务分析

　　本任务是利用所提供的素材，编辑制作"荷塘月色"影片，初步掌握"素材箱"的创建方法，学会把制作视频所需素材分别存放在相应的素材箱中，同时掌握"彩条""黑场视频"等素材的创建方法及应用技巧。

知识点学习

1. Premiere CC 支持的文件格式

视音频编辑涉及视频、音频、图像、文本等素材，无论视频、音频、图像还是文本，都有很多的格式，这些格式，有的是 Premiere CC 支持的，有的是 Premiere CC 不支持的。若需要用 Premiere CC 不支持的素材格式，则在导入前先进行格式转换，然后再导入 Premiere CC 进行编辑。

Premiere CC 支持的文件格式有几十种，在【导入】对话框的【文件格式】下拉列表中给出了可以使用的素材格式。主要有以下几种格式。

（1）视频格式。Premiere CC 支持的视频格式有很多，如 AVI 文件、MPEG 文件、WMV 文件、MOV 文件、MP4 文件、AI 文件、AEP 文件、GIF 动画文件、SWF 文件、DV 文件、MVI 文件、M2T 文件、MTS 等。

（2）音频格式。Premiere CC 支持的音频格式有 WAV 文件、MP3 文件、WMA 文件、ACC 文件、AC3 文件、BWF 文件、AIF 文件等。视频影片 AVI 文件、MPEG 文件、MOV 文件等的声音部分也可以导入 Premiere CC 进行编辑。

（3）图像格式。Premiere CC 支持的图像文件格式包括常见的 BMP 文件、GIF 文件（静态）、JPEG 文件、PNG 文件、TIF 文件等，同时也支持导入图标文件 ICO、Photoshop 生成的 PSD 文件及 Premiere CC 自身生成的 PTL、PSQ 等文件格式。

2. Premiere CC 图像文件的时间设置

任何一段视频或音频都有播放时间，而静态图像没有。Premiere CC 提供"静止图像默认持续时间"的功能，可以为每张静态图片设置一个默认的播放时间。导入图像文件前先设置好"静止图像默认持续时间"。在菜单栏中单击【编辑】|【首选项】|【常规】，如图 1.3.1 所示，打开【首选项】对话框，如图 1.3.2 所示。

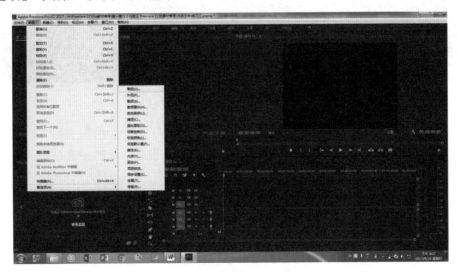

图 1.3.1 【编辑】级联菜单

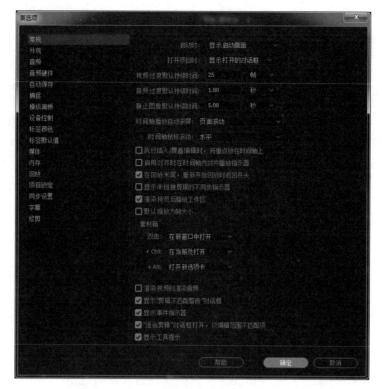

图 1.3.2　【首选项】对话框

默认的"静止图像默认持续时间"的值为 5 秒，可以修改为其他数值。这里保持为默认的 5 秒，单击【确定】按钮。此时导入图像文件到【项目】面板，并将图像文件拖曳到【时间轴】面板上，可以发现，图像播放时间为 5 秒，如图 1.3.3 所示。

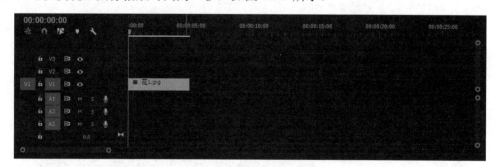

图 1.3.3　图像播放时间为 5 秒

读者可以通过拖曳等方法，改变图像的播放时间，但一次只能更改一幅图像的播放时间。而在导入图像前设置"静止图像默认持续时间"，即可成批设置图像的播放时间。

3. Premiere CC 素材文件的建立

Premiere CC 除了可以将各种素材导入项目进行编辑，还可以制作素材并应用于编辑。下面介绍两种素材的制作方法。

（1）新建"彩条"图案。在电视台开始播放节目之前，或者在检测设备时，会出现如图 1.3.4 所示的彩条图案。在剪辑视频时，这个彩条图案可以用来对颜色进行校准。

图 1.3.4　彩条图案

　　在 Premiere 的【项目】面板可以快速新建彩条图案。在【项目】面板空白位置右击，在弹出的快捷菜单中单击【新建项目】|【彩条】命令，如图 1.3.5 所示，或者单击【项目】面板右下角的【新建项】按钮 ▦，在弹出的快捷菜单中单击【彩条】命令，如图 1.3.6 所示，均可弹出【新建彩条】对话框，如图 1.3.7 所示。在【新建彩条】对话框中，可以对彩条的像素宽度、高度和时基（每秒播放的帧数）进行设定，这里保持不变，单击【确定】按钮，【项目】面板上即出现一个名为"彩条"的素材，如图 1.3.8 所示。

图 1.3.5　【新建彩条】快捷菜单

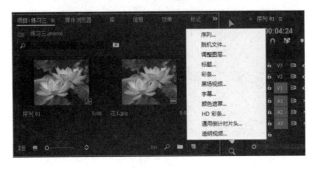

图 1.3.6　【新建项】按钮快捷菜单

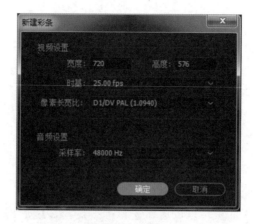

图 1.3.7 【新建彩条】对话框

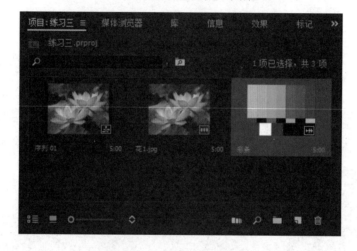

图 1.3.8 新建的"彩条"素材

（2）新建"黑场视频"。"黑场视频"是 Premiere 另一种常用的自制素材，它一般用在两个视频的衔接处，使两个视频的连接不会太突兀。

在 Premiere 的【项目】面板新建"黑场视频"与新建"彩条"图案操作类似。在【项目】面板空白位置处右击，在弹出的快捷菜单中单击【新建项目】|【黑场视频】命令，或者单击【项目】面板右下角的【新建项】按钮 ，在弹出的快捷菜单中单击【黑场视频】命令，均可弹出【新建黑场视频】对话框，如图 1.3.9 所示。

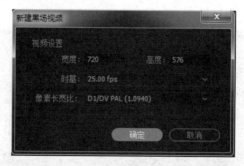

图 1.3.9 【新建黑场视频】对话框

在【新建黑场视频】对话框中，可以设置视频的宽度、高度和时基，这里保持默认不变，单击【确定】按钮，【项目】面板上即出现一个名为"黑场视频"的素材，如图 1.3.10 所示。

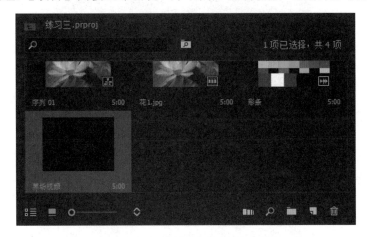

图 1.3.10　新建的"黑场视频"素材

除了上述两种素材外，Premiere 还可以自制"通用倒计时片头""HD 彩条""颜色遮罩"等素材，建立方法与上述方法类似。

提个醒

新建"彩条""黑场视频"需要先对"静止图像默认持续时间"进行设置，设置的值决定了"彩条""黑场现频"的播放时间。"彩条""黑场现频"建立后即可与其他素材一样，拖曳到【时间轴】面板的轨道上就能进行编辑。

4. Premiere CC 素材箱的使用

Premiere CC 素材箱的功能类似文件夹，新建素材箱，可以将相关的素材放到不同的文件夹中，提高寻找素材的效率。

新建素材箱方法：在【项目】面板空白位置处右击，在弹出的快捷菜单中单击【新建素材箱】命令，或者单击【项目】面板右下角的【新建素材箱】按钮🗀，在【项目】面板中会出现一个名为"素材箱"的文件夹，"素材箱"文字同时处于被选中的编辑状态，如图 1.3.11 所示。此时可以直接输入新的名字为素材箱命名。

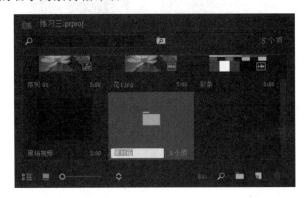

图 1.3.11　新建"素材箱"

输入"自制素材"4 个字，然后按【Enter】键，"自制素材"素材箱建立，如图 1.3.12 所示。

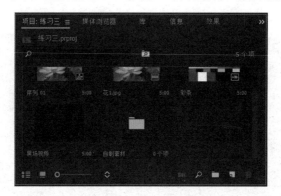

图 1.3.12　新建"自制素材"素材箱

把素材移动到素材箱的方法：选中"彩条"素材，然后拖曳到"自制素材"素材箱上，松开鼠标即可，"彩条"素材已经被移动到"自制素材"素材箱中，此时"自制素材"素材箱中显示"1 个项"，如图 1.3.13 所示。

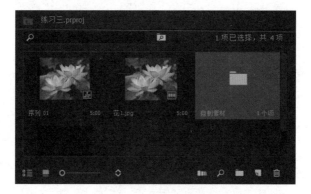

图 1.3.13　素材移入"自制素材"素材箱

用同样的方法将"黑场视频"移动到"自制素材"素材箱中。在【项目】面板中双击"自制素材"素材箱，弹出【素材箱：自制素材】窗口，如图 1.3.14 所示。在该窗口中，可以进行选择素材的显示模式、新建素材箱、删除素材等操作。

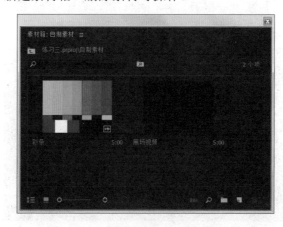

图 1.3.14　【素材箱：自制素材】窗口

 **自主实践**

1．新建项目文件

启动 Premiere CC，在【开始】对话框中选择【新建项目】选项，弹出【新建项目】对话框。在【新建项目】对话框的【名称】栏中输入"荷塘月色"，在【位置】栏选择存储位置，单击【确定】按钮，进入 Premiere CC 编辑界面。

2．建立时间序列

在菜单栏中单击【文件】|【新建】|【序列】或按组合键【Ctrl+N】，打开【新建序列】对话框，在【可用预设】列表中选择国内电视制式通用的【DV-PAL】|【标准 48kHz】，在【序列名称】栏中输入序列名称"荷塘月色"，单击【确定】按钮，建立时间序列。

3．导入素材文件

在菜单栏中单击【文件】|【导入】或按组合键【Ctrl+I】，打开【导入】对话框，批量导入"荷花 1.jpg""荷花 2.jpg""荷花 3.jpg""荷花 4.jpg""荷花 5.jpg" 5 个文件，如图 1.3.15 所示。

图 1.3.15　批量导入素材

4．建立素材箱

单击【项目】面板右下角的【新建素材箱】按钮，在【项目】面板中会出现一个名为"素材箱"的文件夹，"素材箱"处于被选中的编辑状态，输入"荷花"，"荷花"素材箱建立。用同样方法建立"荷塘""自制素材"素材箱，如图 1.3.16 所示。

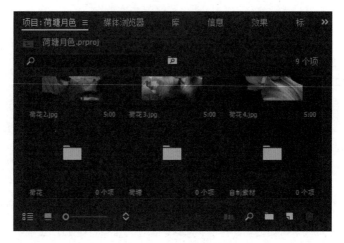

图 1.3.16　建立的素材箱

5．把素材移入素材箱

选中"荷花 1.jpg"素材，然后拖曳到"荷花"素材箱上，松开鼠标即可，"荷花 1.jpg"素材已经被移动到"荷花"素材箱中，此时"荷花"素材箱中显示"1 个项"，同时选中"荷花 2.jpg""荷花 3.jpg""荷花 4.jpg""荷花 5.jpg"，然后拖曳到"荷花"素材箱上，松开鼠标后，可以看到，这几个素材已被移动到"荷花"素材箱中，此时"荷花"素材箱中显示"5 个项"，如图 1.3.17 所示。

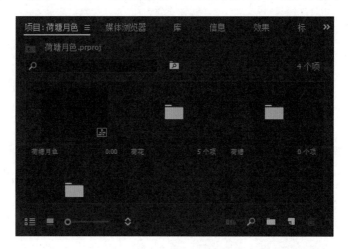

图 1.3.17　移入素材后的"荷花"素材箱

在【项目】面板中选中"荷塘"素材箱，然后在菜单栏单击【文件】|【导入】或按组合键【Ctrl+I】，打开【导入】对话框，选择"荷塘 1.tif"和"荷塘 2.tif"素材，单击【打开】按钮后，"荷塘"素材显示"2 个项"，双击"荷塘"素材箱，"荷塘 1.tif"和"荷塘 2.tif"素材已在素材箱中，如图 1.3.18 所示。

新建"彩条""黑场视频"素材，并移动到"自制素材"素材箱中。此时，【项目】面板如图 1.3.19 所示。

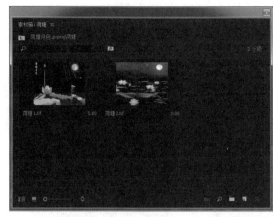 

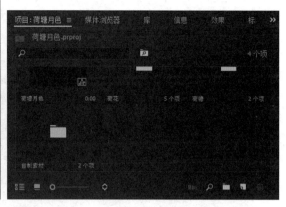

图 1.3.18　移入素材后的"荷塘"素材箱　　　　图 1.3.19　素材分别移入对应的素材箱

6．将素材插入时间轴

单击【项目】面板左下角【列表视图】按钮，视图模式从"图标视图"变为"列表视图"，如图 1.3.20 所示。

图 1.3.20　"列表视图"模式的【项目】面板

单击"自制素材"素材箱左边的尖角符号，"自制素材"素材箱展开，可以看到"自制素材"素材箱的 2 个项："彩条""黑场视频"素材，此时尖角符号变为，如图 1.3.21 所示。

图 1.3.21　展开的"自制素材"素材箱

将"彩条"素材从【项目】面板拖曳到【时间轴】面板后，单击"自制素材"素材箱左边尖角符号▼，收起"自制素材"素材箱，此时"自制素材"素材箱左边尖角符号变为▶。用同样的方法，把"荷塘"素材箱中的"荷塘 1.tif"素材从【项目】面板拖曳到【时间轴】面板中，如图 1.3.22 所示。

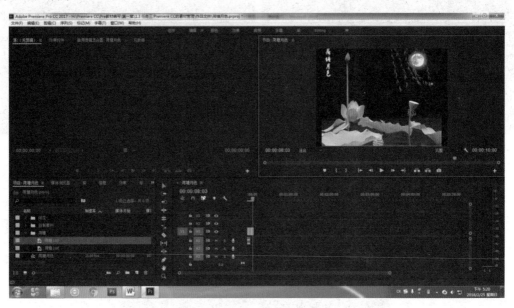

图 1.3.22　将"荷塘 1.tif"素材拖曳到【时间轴】面板中

在【项目】面板中双击"荷花"素材箱，打开【素材箱：荷花】窗口，分别把"荷花 2.jpg""荷花 3.jpg""荷花 4.jpg"素材，从【素材箱：荷花】窗口拖曳到【时间轴】面板中，如图 1.3.23 所示。关闭【素材箱：荷花】窗口后，将"自制素材"素材箱中的"黑场视频"素材从【项目】面板拖曳到【时间轴】面板中，再把"荷塘"素材箱中的"荷塘 2.tif"素材从【项目】面板拖曳到【时间轴】面板中。

图 1.3.23　将"荷花"素材拖曳到【时间轴】面板中

7. 导入背景音乐并插入时间轴

在菜单栏单击【文件】|【导入】或按组合键【Ctrl+I】，打开【导入】对话框，选择"轻音乐 1.mp3"音频文件，如图 1.3.24 所示。把"轻音乐 1.mp3"从【项目】面板拖曳到【时间轴】面板中，如图 1.3.25 所示。完成影片制作。

图 1.3.24　导入背景音乐

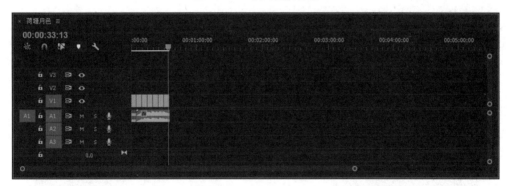

图 1.3.25　将背景音乐拖曳到【时间轴】面板中

8. 预览影片

在【节目监视器】窗口中，单击【播放】按钮，预览影片。

9. 输出编辑结果

输出编辑结果，生成"荷塘月色"影片。

举一反三

新建"星空"项目文件，导入"星球"等素材文件，使用"素材箱"，将素材文件分开存放，并制作"通用倒计时"素材，制作"星空"影片，如图 1.3.26 所示。

图 1.3.26　"星空"影片制作

1.4　视频素材剪辑

任务展示

任务分析

　　本任务是利用三点剪辑和四点剪辑方法，剪辑音频素材和图片素材，制作"漓江美景"影片，掌握三点剪辑和四点剪辑方法。

知识点学习

1．三点剪辑方法

三点剪辑方法是 Premiere 中一种比较常用的素材剪辑方法。基本操作：在【源监视器】窗口中可以标记入点和出点，在【时间轴】面板中也可以标记入点和出点，共可标记四个点；从四个点中任选三个点，即可以完成将素材剪辑并将其插入【时间轴】。

三点剪辑方法的特点：无论选择四个点中的哪三个点，都会有两个点确定剪辑的长度，而另外一个点确定剪辑的开始位置或结束位置，所以三点剪辑方法可以非常轻松地完成剪辑和插入功能。

下面是用三点剪辑方法将一段素材剪辑，并插入【时间轴】面板的操作。

首先导入素材"高山流水.jpg"到当前序列中，并拖曳到【源监视器】上显示内容，可以看到，素材播放持续时间为 5 秒，如图 1.4.1 所示。

图 1.4.1　素材显示在【源监视器】窗口

在【源监视器】窗口中，拖曳播放指示器，停在 1 秒的位置，单击【标记入点】按钮或按快捷键【I】确定入点，拖曳播放指示器，停在 4 秒的位置单击【标记出点】按钮或按快捷键【O】确定出点，如图 1.4.2 所示。

在【时间轴】面板中拖曳播放指示器到前一段影片的末尾，单击【节目监视器】中【标记入点】按钮或按快捷键【I】确定入点，如图 1.4.3 所示。

这样一共标记三个点，即【源监视器】窗口中的入点和出点，以及【时间轴】面板上的入点，在【源监视器】窗口中单击【插入】按钮或按快捷键【,】，所选择的素材被插入【时间轴】面板上标记入点的位置，如图 1.4.4 所示。

图 1.4.2　在【源监视器】窗口中标记入点和出点

图 1.4.3　在【时间轴】上标记入点和出点

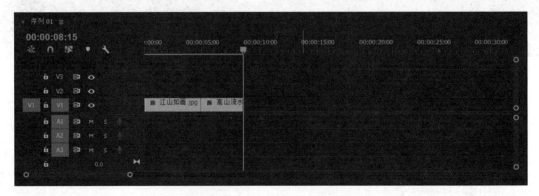

图 1.4.4　素材插入【时间轴】面板

　　此时，【时间轴】面板上的两段素材，前一段为"江山如画.jpg"，后一段为"高山流水.jpg"，被紧密地连接在一起，在【节目监视器】窗口中单击【播放】按钮，两段素材依次播放。

2. 四点剪辑方法

四点剪辑方法就是选择四个点来完成素材的剪辑和插入，即在【源监视器】窗口中标记入点和出点，在【时间轴】面板上标记入点和出点。标记四个点后，如果素材在【源监视器】窗口中标记入点和出点之间的长度与【时间轴】面板上入点和出点之间的长度不一样，可以在【适合剪辑】对话框中经过相关设置，达到特殊的效果。

下面是用四点剪辑方法剪辑一段素材，并将素材插入【时间轴】面板的操作。

导入素材"青山叠翠.jpg"，拖曳到【源监视器】窗口，如图 1.4.5 所示。

图 1.4.5　素材显示在【源监视器】窗口

在【源监视器】窗口中，拖曳播放指示器，停在 1 秒的位置，单击【标记入点】按钮 或按快捷键【I】确定入点；拖曳播放指示器，停在 4 秒的位置，单击标记出点按钮 或按快捷键【O】确定出点，入点与出点之间的时间长度为 3 秒，如图 1.4.6 所示。

图 1.4.6　在【源监视器】窗口中标记入点和出点

在【时间轴】面板中，拖曳播放指示器到前一段影片"江山如画.jpg"的末尾，即 5 秒的位置，单击【节目监视器】中【标记入点】按钮 ▌或按快捷键【I】确定入点；再拖曳播放指示器到 10 秒的位置，单击【节目监视器】中【标记出点】按钮 ▌或按快捷键【O】确定出点，入点与出点之间的时间长度为 5 秒，如图 1.4.7 所示。

图 1.4.7　在【时间轴】上标记入点和出点

在【源监视器】窗口中单击【插入】按钮 🔠 或按快捷键【,】，弹出如图 1.4.8 所示的【适合剪辑】对话框。

图 1.4.8　【适合剪辑】对话框

提个醒

只有当【源监视器】窗口标记的素材长度与【时间轴】面板上标记的时间长度不一样时，才会弹出这个对话框。

在该对话框中，默认的选项是【忽略序列出点】，如果采用这个选项，就等于只采用了四个标记点中的三个，也就和三点剪辑方法一样了。选择【更改剪辑速度（适合填充）】选项，即将【源监视器】窗口中标记的素材放慢播放速度，从而增加播放时间。单击【确定】按钮，素材"青山叠翠.jpg"被插入【时间轴】面板，三段素材被紧密地连接在一起，如图 1.4.9 所示。

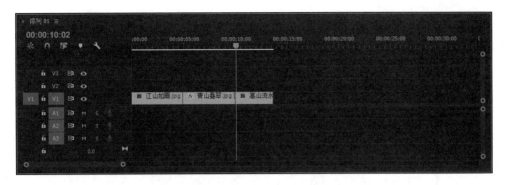

图 1.4.9　素材插入【时间轴】面板

在【节目监视器】窗口中，单击【播放】按钮，可以看到整段影片的效果。

自主实践

1．新建项目文件

启动 Premiere CC，在【开始】对话框中选择【新建项目】选项，弹出【新建项目】对话框。在【新建项目】对话框的【名称】栏中输入"漓江美景"，在【位置】栏选择存储位置，单击【确定】按钮，进入 Premiere CC 编辑界面。

2．建立时间序列

在菜单栏中单击【文件】|【新建】|【序列】或按组合键【Ctrl+N】，打开【新建序列】对话框，在【可用预设】列表中选择国内电视制式通用的【DV-PAL】|【标准 48kHz】，在【序列名称】栏输入序列名称"漓江美景"，单击【确定】按钮，建立时间序列。

3．导入素材文件

在菜单栏单击【文件】|【导入】或按组合键【Ctrl+I】，打开【导入】对话框，选择"高山流水.mp3"音频文件，如图 1.4.10 所示。

图 1.4.10　导入"高山流水.mp3"音频文件

批量导入"漓江山水.jpg""山水 1.jpg""山水 2.jpg""山水 3.jpg""山水 4.jpg""山水 5.jpg"素材文件，如图 1.4.11 所示。

图 1.4.11　批量导入素材

4. 编辑音频文件并插入时间轴

把"高山流水.mp3"音频文件拖曳到【源监视器】窗口中，在【源监视器】窗口中，拖曳播放指示器，停在 6 秒的位置，单击【标记入点】按钮 或按快捷键【I】确定入点；拖曳播放指示器，停在 32.10 秒的位置，单击【标记出点】按钮 或按快捷键【O】确定出点，入点与出点之间的时间长度为 26.11 秒，如图 1.4.12 所示。

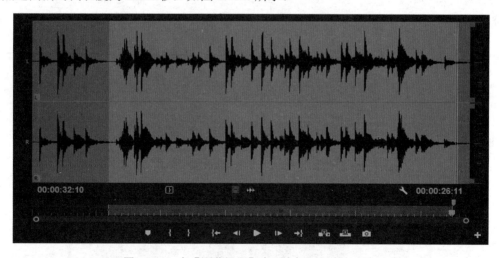

图 1.4.12　在【源监视器】窗口中标记入点和出点

在【时间轴】面板中，拖曳播放指示器到 0 秒位置，单击【节目监视器】中【标记入点】按钮 或按快捷键【I】确定入点，在【源监视器】窗口中单击【插入】按钮 或按快捷键【,】，音频文件"高山流水.mp3"即插入【时间轴】，如图 1.4.13 所示。

在【节目监视器】窗口中，单击【播放】按钮，可以听到音乐。

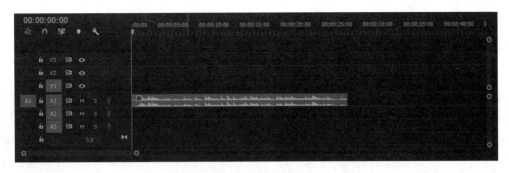

图 1.4.13　音频素材插入【时间轴】面板

5. 编辑图片素材并插入时间轴

在【时间轴】面板中，单击轨道 A1 的【切换同步锁定】按钮 █，变换为 █，锁定轨道 A1。利用上述 4 中的三点剪辑方法，编辑"漓江山水.jpg""山水 1.jpg""山水 2.jpg""山水 3.jpg""山水 4.jpg"为 4 秒，插入【时间轴】面板，如图 1.4.14 所示。

图 1.4.14　将图片素材插入【时间轴】面板

为了使音频轨道与视频轨道时间长度一致，用四点剪辑方法插入素材"山水 5.jpg"时，把"山水 5.jpg"文件拖曳到【源监视器】窗口中，在【源监视器】窗口中标记入点与出点。在【时间轴】面板中，拖曳播放指示器到前一段影片"山水 4.jpg"的末尾，标记入点；再拖曳播放指示器到音频结束的位置，即 26.11 秒的位置，单击【节目监视器】中标记出点按钮 █ 或按快捷键【O】确定出点。在【源监视器】窗口中单击【插入】按钮 █ 或按快捷键【,】，弹出【适合剪辑】对话框，选择【更改剪辑速度（适合填充）】选项，单击【确定】按钮，素材"山水 5.jpg"文件插入【时间轴】面板，并且音频轨道与视频轨道时间长度一致，如图 1.4.15 所示。

6. 预览影片

在【节目监视器】窗口中，单击【播放】按钮，预览影片。

7. 输出编辑结果

输出编辑结果，生成"漓江美景"影片。

图 1.4.15 素材"山水 5.jpg"插入【时间轴】面板

举一反三

新建一个项目文件，导入素材文件，使用三点剪辑与四点剪辑方法，将素材文件插入【时间轴】面板，如图 1.4.16 所示，制作"美景"影片。

图 1.4.16 "美景"影片制作

1.5　简单动画制作

任务展示

任务分析

　　本任务是利用【效果控件】标签，对所导入素材进行不同时间设置不同的参数，使素材画面在播放时随参数的改变产生运动，生成相应的动画效果。

知识点学习

1. 设置关键帧

　　在【时间轴】面板上选择一个素材，单击【源监视器】窗口上方的【效果控件】标签。在默认情况下该面板包含【运动】【不透明度】【时间重映射】3 个属性。【运动】属性包含位置、缩放、旋转、锚点、防闪烁滤镜 5 个属性参数。

　　单击【运动】前面的按钮 ，可以在【节目监视器】窗口中看到素材的控制边框和位置，中心点 默认在中心位置。可以用鼠标拖曳节目窗口中的素材来移动素材的位置，拖曳的同时，在控制面板中"位置"的数值也会相应地改变。拖曳图像控制边框的 8 个点可以控制素材的大小，同时"缩放"的数值也会发生改变。

　　在【效果控件】面板中可以添加和控制关键帧。单击【秒表】按钮 ，添加关键帧，会在当前时间指针位置自动添加一个关键帧，再次单击该按钮，则关闭关键帧，所设的关键帧将被取消。

　　【关键帧导航功能】按钮 方便关键帧的管理工作。单击【添加和删除关键帧】按钮 ，可以添加或删除当前时间指针所在位置的关键帧。单击此按钮前后的三角形按钮 和 ，可以将时间指针移动到前一个和后一个关键帧的位置。改变属性的数值也可以在时间指针所在的位置自动添加关键帧。若此处已经有关键帧，则更改关键帧数值。

2. 效果面板参数设置

　　（1）位移动画的设置。将素材添加到【时间轴】面板的轨道中并选中该素材，在【效果控件】中，单击【运动】选项左侧的三角形图标 ，将【运动】属性展开，单击【位置】前的按钮 ，为素材添加一个关键帧，将时间指针后移，改变素材在画面中的位置，系统自动在时间指针处添加了一个关键帧。可以多次移动指针，调整素材在画面中的位置，就形成了位移动画。

（2）缩放动画的设置。将素材添加到【时间轴】面板的轨道中并选中该素材，在【效果控件】中，单击【运动】选项左侧的三角形图标 ，将【运动】属性展开，单击【缩放】前的按钮 ，为素材添加一个关键帧，将时间指针后移，改变素材在画面中的比例大小，系统自动在时间指针处添加了一个关键帧。可以多次移动指针，调整素材在画面的比例大小，就形成了缩放动画。

在【效果控件】面板中取消勾选"等比缩放"，则可以分别设置素材的高度和宽度比例。

（3）旋转动画的设置。将素材添加到【时间轴】面板的视频轨道中并选中该素材，在【效果控件】中，单击【运动】选项左侧的三角形图标 ，将【运动】属性展开，单击【旋转】前的按钮 ，为素材添加一个关键帧，将时间指针后移，单击【运动】前面的按钮 ，将鼠标移到控制点的外侧，当指针变为双向弯曲形状时，拖曳鼠标旋转素材或直接修改"旋转"参数，改变素材在画面中的角度，系统自动在时间指针处添加了一个关键帧。可以多次移动指针，调整素材在画面中的旋转角度，就形成了旋转动画。

当旋转的角度超过 360° 时，系统以旋转一圈来标记角度，如 360° 表示为"1×0.0"。当素材进行逆时针旋转时，系统标记为负的角度。

（4）不透明度动画的设置。在【效果控件】面板中，展开【不透明度】属性，设置其参数，便可以改变素材的不透明度。当素材的【不透明度】为 100%，素材完全不透明；当素材的【不透明度】为 0%，素材完全透明。

 自主实践

新建项目文件。

输入新建项目文件的名称"简单动画"。

在菜单栏中单击【文件】|【导入】导入素材，打开【导入】对话框，选择图片素材"花卉1.jpg""花卉 2.jpg""花卉 3.jpg""花卉4.jpg"和音频素材"bg.wav"。

选择图片素材"花卉 1.jpg"，将其拖曳至【时间轴】面板的视频轨道 V1 中，时间长度为 5 秒。

选中【时间轴】面板中的"花卉1.jpg"文件，打开【效果控件】窗口，单击【运动】选项左侧的三角形图标 ，将【运动】属性展开，可以对素材进行一些属性的修改，如位置、缩放、旋转等，如图 1.5.1 所示。

在【效果控件】窗口的右上角单击 按钮来控制显示或关闭关键帧编辑线，查看关键帧信息，如图 1.5.2 所示。

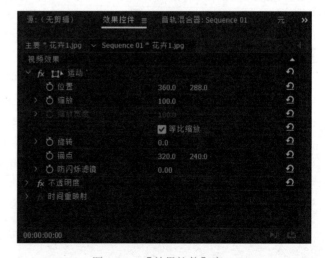

图 1.5.1 【效果控件】窗口

图 1.5.2　查看关键帧信息

　　如果需要进行大段的关键帧编辑，则需要更大的显示空间来显示关键帧信息。在【效果控件】窗口右侧边缘进行单击拖曳，可以拉宽窗口面积，方便进行编辑。

　　在【效果控件】窗口中，将【运动】选项下的【缩入】设置为 50，缩小图片素材"花卉 1.jpg"的尺寸，将时间指针移动至第 10 帧处，单击【效果控件】窗口中【位置】前的按钮 🕐，为素材添加一个关键帧，如图 1.5.3 所示。

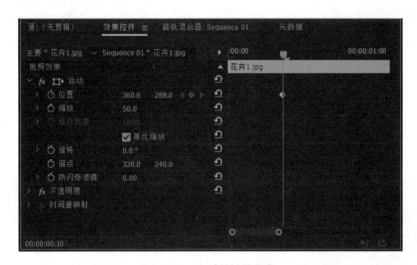

图 1.5.3　查看关键帧信息

　　将指针移动至 0 秒位置，将位置设置为（900.0，288.0），在第 0 秒处自动添加一个关键帧，播放动画，可以看到素材画面从右侧快速移至屏幕中部，如图 1.5.4 所示。

　　主键盘上的【+】键和【-】键可以对关键帧编辑线的放大或缩小显示进行控制，也可以拖曳进行缩放。

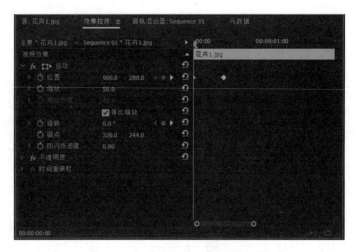

图 1.5.4 关键帧编辑线中的显示操作

将"花卉 2.jpg"拖曳至【时间轴】面板的视频轨道 V2 中，将"花卉 3.jpg"拖曳至轨道 V3 中。将"花卉 4.jpg"拖曳至轨道 V3 上方的空白处时，软件会自动添加一个视频轨道 V4 放置"花卉 4.jpg"素材，如图 1.5.5 所示。

图 1.5.5 添加素材至视频轨道 V4

在【时间轴】面板中选中"花卉 1.jpg"素材，在【效果控件】窗口中选择【运动】选项，按组合键【Ctrl+C】复制。选中素材"花卉 2.jpg""花卉 3.jpg""花卉 4.jpg"，按组合键【Ctrl+V】键粘贴，这样这 3 个素材也具有了相同的运动设置，包括位置动画关键帧和缩放设置，如图 1.5.6 所示。

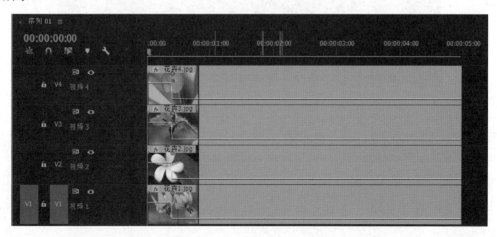

图 1.5.6 复制关键帧

在【时间轴】面板中，把时间指针移至第 10 帧处，将轨道 V2 中的"花卉 2.jpg"文件后移 10 帧，使该素材入点移动到时间指针的位置。把轨道 V3 中的"花卉 3.jpg"文件、轨道 V4 中的"花卉 4.jpg"文件分别移动到【时间轴】面板的第 20 帧和第 1 秒 05 帧的位置，如图 1.5.7 所示。

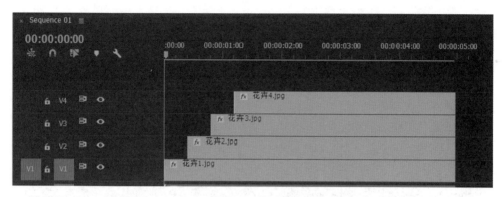

图 1.5.7　移动素材

将时间指针移至第 2 秒位置，选择"花卉 1.jpg"文件，在【效果控件】窗口中单击"位置"后的添加关键帧■按钮，添加一个关键帧。再单击"旋转"前面的○按钮，添加一个关键帧。

将时间指针移至第 2 秒 10 帧处，将位置设置为（180.0，144.0），将【旋转】设置为 360°即 1×0.0°，如图 1.5.8 所示。

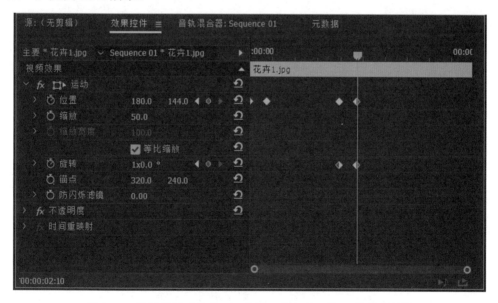

图 1.5.8　设置素材"花卉 1.jpg"第 2 秒和第 2 秒 10 帧的关键帧

选择素材"花卉 2.jpg"，在第 2 秒和第 2 秒 10 帧处添加关键帧，并将第 2 秒 10 帧处的【位置】设置为（540，144），将【旋转】设置为-360°即-1×0.0°。

选择素材"花卉 3.jpg"，在第 2 秒和第 2 秒 10 帧处添加关键帧，并将第 2 秒 10 帧处的【位置】设置为（180，432），将【旋转】设置为-360°即 1×0.0°。

选择素材"花卉 4.jpg"，在第 2 秒和第 2 秒 10 帧处添加关键帧，并将第 2 秒 10 帧处的【位置】设置为（540，432），将【旋转】设置为-360°即-1×0.0°，如图 1.5.9 所示。

导入音频素材"bg.wav"到【时间轴】面板的音频轨道 A1，观察音频素材时间长度为 14 秒 23 帧，使用 剃刀工具裁切时间轴各轨道上 5 秒位置，选中 5 秒后部分删除，如图 1.5.10 所示。

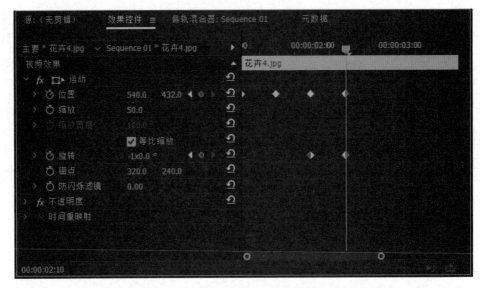

图 1.5.9　设置素材"花卉 4.jpg"第 2 秒和第 2 秒 10 帧的关键帧

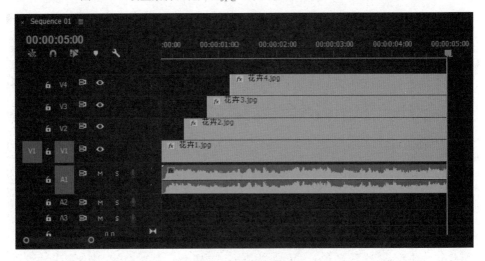

图 1.5.10　导入音频素材裁切并删除 5 秒后内容

提个醒

剃刀工具的快捷键是【C】，它可以把一个视频素材分成很多段，选择轨道文件，单击即可。剪辑错误了，可以按组合键【Ctrl+Z】撤销操作。剃刀工具并不以时间轴为基准，是想切哪儿就切哪儿。平时，一般使用组合键【Ctr+K】来裁切视频文件，其功能与剃刀工具一样，唯一不同的就是它以时间轴为基准，在操作上更为准确、快捷。

渲染输出最终效果。

举一反三

新建一个项目文件，导入图片素材文件，使用本任务的方法制作一个关键帧动画，如图 1.5.11 所示，制作"汽车展览"影片。

图 1.5.11 "汽车展览"影片制作

第 2 章

视频转场特效制作

2.1 默认转场

任务展示

任务分析

本任务是对所导入的素材设置默认转场，制作"风景切换"影片。对不同镜头进行切换，也就是所谓的"转场"。"转场"是指在前一个素材逐渐消失的过程中，后一个素材逐渐出现。Premiere CC 提供了多种转场方式，可以满足各种镜头转换的需要。

知识点学习

1. 添加默认转场

新建项目文件，设置文件保存路径。

首先在菜单栏单击【文件】|【导入】命令导入素材，打开【导入】对话框，选择视频素材导入，如图 2.1.1 所示。

图 2.1.1　导入素材

选择视频素材文件将其拖入【时间轴】面板的视频轨道 V1 中，同样的操作把另一段素材拖入【时间轴】面板的视频轨道 V1 中，并连续排列，如图 2.1.2 所示。

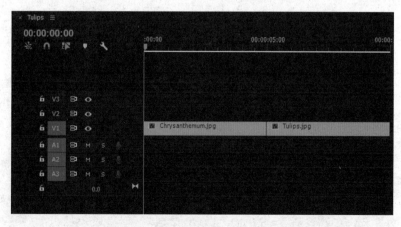

图 2.1.2　拖曳素材至时间线

把【时间轴】面板的播放指针指定在两个素材之间，如图 2.1.3 所示。

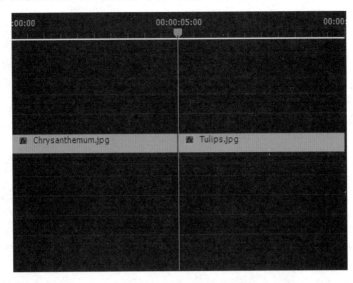

图 2.1.3　时间线指定位置

打开"效果"窗口，单击【视频过渡】|【溶解】|【交叉溶解】，如图 2.1.4 所示。

图 2.1.4　添加【交叉溶解特效】

单击并将素材拖曳至【时间轴】面板的 VI 轨道中，将转场添加至【时间线】窗口视频编辑轨道中素材的首位相接处，如图 2.1.5 所示。或者在图片之间添加组合键【Ctrl+D】。

图 2.1.5　轨道相接处

单击【播放|停止】按钮，在屏幕上预览转场效果，如图 2.1.6 所示。

图 2.1.6　转场效果

打开 Premiere CC，在菜单栏单击【文件】|【导入】命令导入素材，打开【导入】对话框，选择视频素材导入，如图 2.1.7 所示。

在菜单栏单击【文件】|【新建】|【序列】新建一个序列，选中所有的素材，单击【自动匹配】按钮，弹出【序列自动化】对话框。如图 2.1.8 所示。

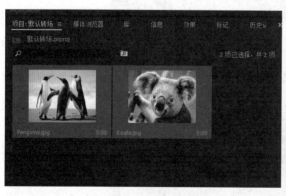

图 2.1.7　导入素材

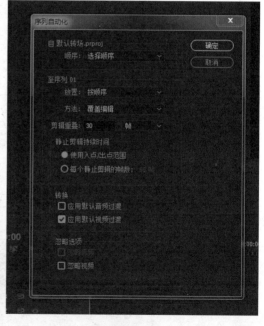

图 2.1.8　【序列自动化】对话框

勾选【应用默认视频过渡】，单击【时间轴】面板上第 1 段素材与第 2 段素材之间的默认转场效果【交叉溶解】，打开【效果控件】窗口，可以看到默认的转场效果，时间轴如图 2.1.9

所示，效果如图 2.1.10 所示。

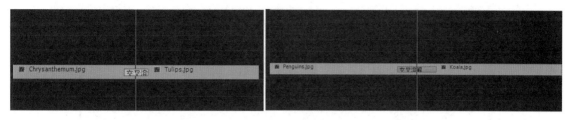

图 2.1.9　时间轴　　　　　　　　　　　　　图 2.1.10　默认的转场效果

2. 比较不同轨道默认转场的效果

方法一：将第 1 段素材和第 2 段素材均拖曳至【时间轴】面板同一轨道 V1 上，在第 1 段素材和第 2 段素材中间位置选择【居中对齐】选项。按组合键【Ctrl+D】添加一个 2 秒的默认转场。

方法二：将第 1 段素材拖曳至【时间轴】面板轨道 V1 上，第 2 段素材拖曳至【时间轴】面板轨道 V2 上，按组合键【Ctrl+D】添加一个 2 秒的切转场效果，比较这两种转场，其转场重叠的时间位置和长度是一样的，其结果也是一样的，如图 2.1.11 所示。

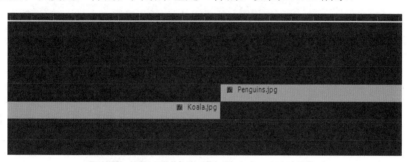

图 2.1.11　不同轨道默认转场的设置

自主实践

1. 新建工程文件

启动 Premiere CC，在【开始】对话框中选择【新建项目】选项，弹出【新建项目】对话框。在【新建项目】对话框的【名称】栏中输入"风景切换"，在【位置】栏选择存储位置，单击【确定】按钮，进入 Premiere CC 编辑界面。

2. 建立时间序列

在菜单栏单击【文件】|【新建】|【序列】或按组合键【Ctrl+N】，打开【新建序列】对话框，在【可用预设】列表中选择国内电视制式通用的【DV-PAL】|【标准 48kHz】，在【序列名称】栏输入序列名称"风景切换"，单击【确定】按钮，建立时间序列。

3. 导入素材文件

在菜单栏单击【文件】|【导入】或按组合键【Ctrl+I】，打开【导入】对话框，导入"风景

1.jpg""风景 2.jpg""风景 3.jpg""风景 4.jpg""风景 5.jpg"素材文件。如图 2.1.12 所示。

图 2.1.12　导入素材

提个醒 ─────────────────────────────────

　　在【时间轴】面板，将时间指针移动至两素材相接位置后，也可以单击菜单【序列】|【应用视频过渡效果】命令添加默认转场。

───

4. 设置默认转场效果

　　选择"风景 1.jpg""风景 2.jpg""风景 3.jpg""风景 4.jpg""风景 5.jpg"，单击【自动匹配】按钮，弹出【序列自动化】对话框，如图 2.1.13 所示，勾选【应用默认视频过渡】。

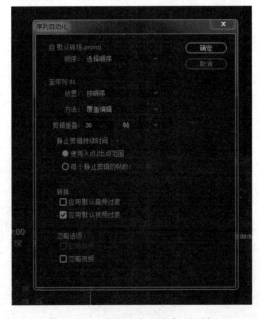

图 2.1.13　【序列自动化】对话框

5. 预览默认的转场效果

预览默认的转场效果，效果如图 2.1.14 所示。

图 2.1.14　默认的转场效果

6. 预览影片

在【节目监视器】窗口中，单击【播放】按钮，预览影片。

7. 输出编辑结果

输出编辑结果，完成任务。

 知识拓展

在视频处理中，转场时，前一个素材逐渐消失，后一个素材逐渐出现。这需要素材之间有交叠的部分，或者说素材的入点和出点要与起始点和结束点拉开距离，即额外帧，使用其间的额外帧作为转场的过渡帧。

在某些情况下，素材没有足够的过渡帧，如果此时为素材添加转场，会弹出提示窗口以警示转场处可能含有重复帧，如果继续操作，转场处会出现斜纹标记。

 举一反三

新建一个项目文件，导入素材文件，使用本任务中的过渡效果方法，将素材文件插入【时间轴】面板，如图 2.1.15 所示，制作"花儿"影片。

图 2.1.15　"花儿"影片制作

2.2　翻页转场

任务展示

任务分析

　　本任务利用视频素材转换的翻页转场，通过制作一个"卷页画册"影片实例，来讲解如何使用 Premiere CC 软件制作转场效果。翻页效果从屏幕的一角卷起，逐渐揭开另一个画面。Premiere CC 软件提供了大量的转场效果，可以通过这些转场效果制作更多新颖的视频特效。

1. 使用【颜色遮罩】命令，制作画册封面

新建项目文件，设置文件保存路径。

在【项目】窗口中右击，执行【新建项目】|【颜色遮罩】命令如图 2.2.1 所示，弹出【颜色遮罩】选项，单击【确定】按钮。

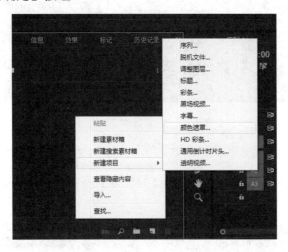

图 2.2.1　新建【颜色遮罩】

从素材窗口中单击【新建】按钮，在弹出的菜单中选择【颜色遮罩】选项，进入【拾色器】对话框，随机选择一个颜色，单击【确定】按钮，如图 2.2.2 所示。

图 2.2.2　选择颜色

从素材窗口中将"颜色遮罩"拖曳到【时间轴】面板的视频轨道 V1 中，如图 2.2.3 所示。

图 2.2.3　拖曳【颜色遮罩】

在【效果控件】面板中调整素材大小及透明度，选择【缩放】选项调节大小的参数，选择
【不透明度】选项调节透明度大小，如图 2.2.4 所示。

图 2.2.4　设置【效果控件】

2．使用【效果控制】面板制作翻动效果

从素材窗口中导入两个素材，并拖曳至【时间轴】面板的视频轨道 V1 中，如图 2.2.5 所
示。

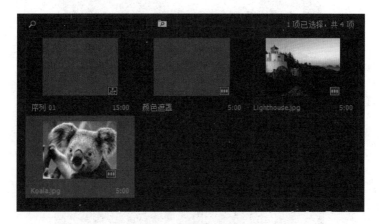

图 2.2.5　导入素材

打开【效果】窗口，单击【视频过渡】|【翻页】特效控键。将其拖曳至【时间轴】面板的
视频轨道 V1 中两个素材之间，建立一个转场效果，如图 2.2.6 所示。其【效果控制】面板如
图 2.2.7 所示。

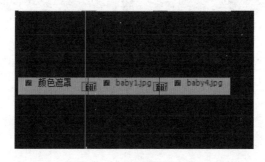

图 2.2.6　翻页转场特效

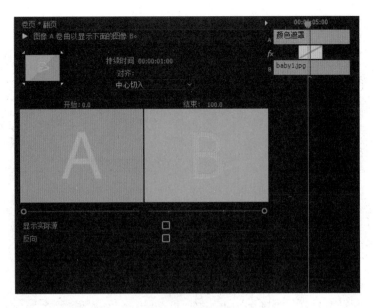

图 2.2.7　【效果控制】面板

在【效果控制】的【卷页】窗口中勾选【显示实际源】复选框和【反向】复选框，如图 2.2.8 所示。

图 2.2.8　勾选【显示实际源】复选框和【反向】复选框

自主实践

1．新建项目文件

启动 Premiere CC，在【开始】对话框中选择【新建项目】选项，弹出【新建项目】对话框。在【新建项目】对话框的【名称】栏中输入"卷页画册"，在【位置】栏选择存储位置，单击【确定】按钮，进入 Premiere CC 编辑界面。

2．建立时间序列

在菜单栏单击【文件】|【新建】|【序列】或按组合键【Ctrl+N】，打开【新建序列】对话框，在【可用预设】列表中选择国内电视制式通用的【DV-PAL】|【标准 48kHz】，在【序列名称】栏输入序列名称"卷页画册"，单击【确定】按钮，建立时间序列。

3．导入素材文件

在菜单栏单击【文件】|【导入】或按组合键【Ctrl+I】，打开【导入】对话框，选择"baby1""baby 2""baby 3"图片，如图 2.2.9 所示。

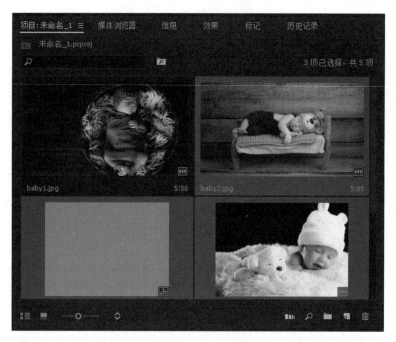

图 2.2.9　导入图片

4.制作相册封面

在【项目】面板中单击【新建】按钮，在弹出的菜单中选择【颜色遮罩】选项，新建颜色遮罩，如图 2.2.10 所示。进入【拾色器】对话框，选择颜色，单击【确定】按钮，如图 2.2.11 所示。

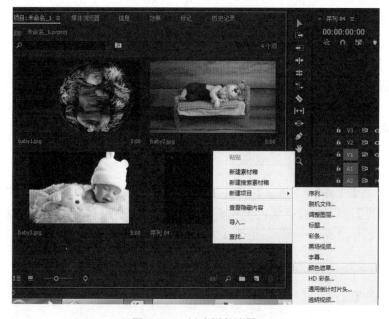

图 2.2.10　新建颜色遮罩

图 2.2.11　选择颜色

5. "颜色遮罩" 拖曳时间轴

从【项目】面板中将"颜色遮罩"拖曳至【时间轴】面板的视频轨道 V1 中。

6. 制作相册

从【项目】面板中将素材 baby1、baby2、baby3 拖曳至【时间轴】面板的视频轨道 V1 中。

7. 添加【页面剥落】转场

打开【效果】窗口，单击【视频过渡】|【页面剥落】，选择【翻页】选项，如图 2.2.12 所示。

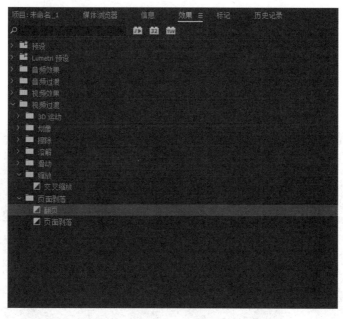

图 2.2.12　添加【页面剥落】转场

8. 添加转场至素材

单击并将【翻页】选项拖曳至【时间轴】面板的视频轨道 V1 中，将转场添加至【时间线】窗口视频轨道中素材的首尾相接处，如图 2.2.13 所示。

图 2.2.13　时间线首尾相接处

9. 预览转场效果

单击【播放|停止】按钮，预览转场效果如图 2.2.14 所示。

图 2.2.14　转场效果

举一反三

新建一个项目文件，导入素材图片文件，使用本任务中的方法，将图片素材制作成翻页画册的转场效果，如图 2.2.15 所示制作"小狗"影片。

图 2.2.15　小狗影片制作

2.3　卷页效果

任务分析

　　本任务将使用转场效果来展示一幅画，制作"卷页画册"影片。在影视作品中经常可以看到一幅古画在画面中慢慢展开的过程，这种效果在视音频编辑中经常会用到，制作这个效果也可以通过一个转场来实现。

知识点学习

　　1. 素材文件速度/持续时间修改方法

　　新建项目文件，设置文件保存路径。

　　导入素材，并将其拖曳至【时间轴】面板的视频轨道 V1 上，并右击导入的素材，在弹出菜单中选择【速度/持续时间】选项，【速度值】为设置 80%，如图 2.3.1 所示。

图 2.3.1 　【速度/持续时间】对话框

　　在【项目】面板窗口中单击【新建】按钮，在弹出的菜单中选择【颜色遮罩】选项，如图 2.3.2 所示，打开【拾色器】对话框，选择棕色，单击【确定】按钮，这样在【项目】面板窗口中建立了一个棕色的"颜色遮罩"，如图 2.3.3 所示。

　　同样，在【项目】面板窗口中单击【新建】按钮，在弹出的菜单中选择【颜色遮罩】选项，打开【拾色器】对话框，选择灰色，单击【确定】按钮，这样在【项目】面板窗口中建立了一个灰色的"颜色遮罩"。

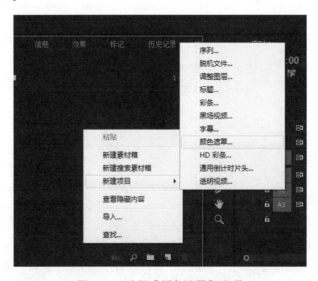

图 2.3.2 　选择【颜色遮罩】选项

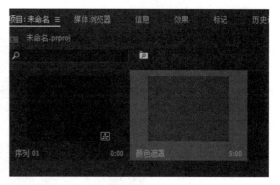

图 2.3.3　棕色遮罩

2. 使用【效果】面板制作卷离效果

导入素材图片，将其拖曳到【时间轴】面板的视频轨道 V1 中，如图 2.3.4 所示。

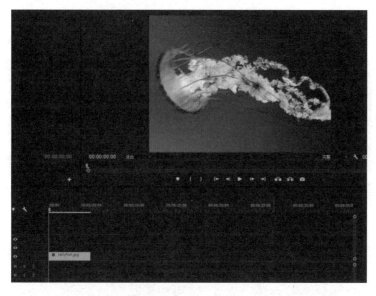

图 2.3.4　导入素材

打开【效果】窗口，展开【视频过渡】|【卷页】，选择【卷走】选项，将其拖曳至【时间轴】面板上素材的入点位置，效果如图 2.3.5 所示。

图 2.3.5　添加【卷走】效果

查看卷走效果，如图 2.3.6 所示。

图 2.3.6　卷走效果

使用同样的方法制作棕色蒙版滚动动画，如图 2.3.7 所示，效果如图 2.3.8 所示。

图 2.3.7　棕色蒙版

图 2.3.8　滚动效果

自主实践

1. 新建项目文件

启动 Premiere CC，在【开始】对话框中选择【新建项目】选项，弹出【新建项目】对话框。在【新建项目】对话框的【名称】栏中输入"卷页画册"，在【位置】栏选择存储位置，单击【确定】按钮，进入 Premiere CC 编辑界面。

2. 建立时间序列

在菜单栏单击【文件】|【新建】|【序列】或按组合键【Ctrl+N】，打开【新建序列】对话框，在【可用预设】列表中选择国内电视制式通用的【DV-PAL】|【标准 48kHz】，在【序列名称】栏输入序列名称"卷轴古画"，单击【确定】按钮，建立时间序列。

3. 导入素材文件

在菜单栏单击【文件】|【导入】或按组合键【Ctrl+I】，打开【导入】对话框，选择"古画1""古画 2""古画 3"图片，如图 2.3.9 所示。

图 2.3.9　导入素材

提个醒 ---

在【项目】面板中选中素材文件，然后单击菜单【剪辑】下的【速度/持续时间】命令（或按组合键【Ctrl+R】），打开【剪辑速度/持续时间】对话框。但是对于动态的视频素材文件，在更改其时间长度后，文件的播放速度也会产生变化。

----

4. 制作相册封面

在【项目】面板中单击【新建分项】按钮，在弹出的菜单中选择【颜色遮罩】选项，如图 2.3.10 所示，打开【拾色器】对话框，将 RGB 值分别设置为（R：61，G：255，B：240），单击【确定】按钮，这样在【项目】面板中建立了一个蓝色的颜色遮罩，如图 2.3.11 所示。

图 2.3.10　新建【颜色遮罩】

图 2.3.11　选择蓝色

5．添加蓝色遮罩

从【项目】面板窗口中将蓝色遮罩拖曳至【时间轴】面板的视频轨道 V1 中，将"古画 1"拖曳至同一轨道中，如图 2.3.12 所示。

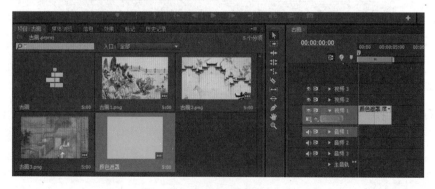

图 2.3.12　蓝色遮罩

6．制作相册

从【项目】面板中将"古画 1""古画 2""古画 3"素材拖曳至【时间轴】面板的视频轨道中，并拖曳播放指针调整视图，如图 2.3.13 所示。

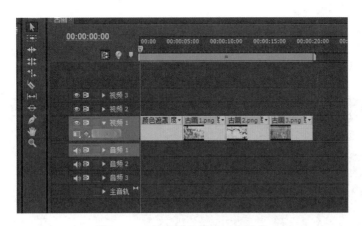

图 2.3.13 将素材放置在时间线上

7. 打开窗口

打开【效果】窗口，展开【视频过渡】|【卷页】，选择【卷走】选项，效果如图 2.3.14 所示。

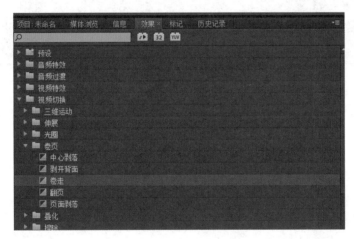

图 2.3.14 添加【卷走】效果

8. 添加效果的时间轴

选择【卷走】选项并将其拖曳至【时间轴】面板的"古画 1"入点位置，将转场添加至【时间线】窗口视频轨道中素材的首尾相接处，效果如图 2.3.15 所示。

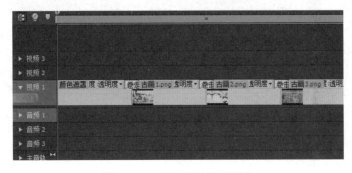

图 2.3.15 添加效果的时间轴

9. 查看卷离效果

单击【播放/停止】按钮，查看卷走效果，如图 2.3.16 所示。

图 2.3.16　卷走效果

举一反三

新建一个项目文件，导入素材图片文件，使用本任务中视频转换的卷走编辑方法，将素材文件插入【时间轴】面板，如图 2.3.17 所示，制作"树林"影片。

图 2.3.17　"树林"影片制作

2.4 擦除效果

任务分析

本任务是利用【效果】|【擦除】转场制作"画中画"影片，掌握转场效果应用到画中画上的特别效果。

知识点学习

1. 画中画的转场效果

导入素材，并将其拖曳至【时间轴】面板上，如图 2.4.1 所示

图 2.4.1　导入素材

　　将素材分别拖曳至【时间轴】面板的视频轨道 V1、轨道 V2、轨道 V3 上，如图 2.4.2 所示。

　　展开【效果控件】窗口，选择图片 1 和图片 2，在【效果控件】窗口中将其【缩放】设置为 25.0，如图 2.4.3 所示。

图 2.4.2　素材放置轨道　　　　　　　　　　　　　图 2.4.3　设置【缩放】

　　把图片 1 在【效果控件】窗口中的【位置】设置为（518.0，288.0），如图 2.4.4 所示，图片 2 在【效果控件】窗口中的【位置】设置为（187.0，288.0），如图 2.4.5 所示。

图 2.4.4　图片 1 的【位置】　　　　　　　　　　　图 2.4.5　图片 2 的【位置】

　　最终效果如图 2.4.6 所示。

　　2．划入划出转场的设置方法

　　导入素材，并将其拖曳至【时间轴】面板的视频轨道 V1 上，单击【项目】|【效果】|【擦除】，选择【划出】选项，如图 2.4.7 所示。

图 2.4.6　缩放效果　　　　　　　　　　　　　　　图 2.4.7　添加【划出】选项

　　【划出】最终效果如图 2.4.8 所示。

　　同样导入素材，并将其拖曳至【时间轴】面板的视频轨道 V2 中。单击【项目】|【效果】|【擦除】，选择【插入】选项，如图 2.4.9 所示。

插入效果如图 2.4.10 所示。

图 2.4.8　划出效果　　　　　　　　　　　图 2.4.9　添加【插入】选项

图 2.4.10　插入效果

自主实践

1. 新建项目文件

启动 Premiere CC，在【开始】对话框中选择【新建项目】选项，弹出【新建项目】对话框。在【新建项目】对话框的【名称】栏中输入"画中画"，在【位置】栏选择存储位置，单击【确定】按钮，进入 Premiere CC 编辑界面。

2. 建立时间序列

在菜单栏单击【文件】|【新建】|【序列】或按组合键【Ctrl+N】，打开【新建序列】对话框，在【可用预设】列表中选择国内电视制式通用的【DV-PAL】|【标准 48kHz】，在【序列名称】栏输入序列名称"画中画"，单击【确定】按钮，建立时间序列。

3. 导入素材文件

在菜单栏单击【文件】|【导入】或按组合键【Ctrl+I】，打开【导入】对话框，选择"城市"

"房屋""沙漠"素材图片，如图 2.4.11 所示。

图 2.4.11　导入素材

4. 将"沙漠"素材拖曳至时间轴

将"沙漠"素材拖曳至【时间轴】面板的视频轨道 V1 中，如图 2.4.12 所示。

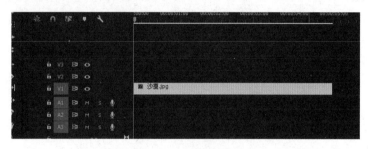

图 2.4.12　素材 1 在轨道 V1 中

5. 将"城市"素材拖曳至时间轴

将"城市"素材拖曳到【时间轴】面板的视频轨道 V2 中，如图 2.4.13 所示。

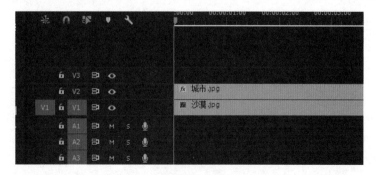

图 2.4.13　素材 2 在轨道 V2 中

提个醒

　　在两个相邻素材之间添加转场时，如果不想将这个转场同时应用到两个素材上，可以错开这两个素材的轨道，即将两个素材放置在不同的轨道中。这样就可以单独在一个素材的出点处添加转场，在另外一个素材的入点处添加转场。

6．设置"城市"效果图

在【效果控制】窗口中，设置素材"城市"的【位置】为（300.0，431.0），【缩放】为30.0，如图2.4.14所示，效果如图2.4.15所示。

7．将"房屋"素材拖曳至时间轴

将"房屋"素材拖曳至【时间轴】面板的视频轨道V3中，如图2.4.16所示。

图2.4.15　效果

图2.4.14　设置【位置】

图2.4.16　素材放置轨道3中

8．设置"房屋"效果图

在【效果控制】窗口中，设置素材"房屋"的【位置】为（700.0，430.0），【缩放】为30.0，如图2.4.17所示，效果如图2.4.18所示。

图2.4.17　设置【位置】【缩放】参数

图2.4.18　效果

9. 设置转场效果

选择城市图层，单击【效果】|【擦除】，选择【插入】选项，并拖曳至素材"城市"的轨道上，如图 2.4.19 所示。

10. 选择"城市"素材图层

选择"城市"素材图层，单击【效果】|【擦除】，选择【划出】选项，如图 2.4.20 所示。

图 2.4.19　添加【插入】效果

图 2.4.20　添加【划出】选项

11. 轨道效果

轨道 V2 和轨道 V3 的效果如图 2.4.21 所示。

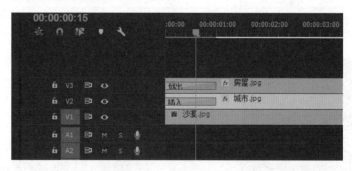

图 2.4.21　轨道效果

12. 预览画中画效果

单击【播放/停止】按钮，预览画中画效果，如图 2.4.22 所示。

13. 预览效果

预览效果，查看生成的画中画效果，完成并保存影片。

图 2.4.22　画中画效果

举一反三

新建一个项目文件，导入素材文件，使用本任务中的过渡效果方法，将素材文件插入【时间轴】面板，如图 2.4.23 所示，制作"呼伦贝尔"影片。

图 2.4.23　"呼伦贝尔"影片制作

2.5 多轨道转场效果

任务展示

任务分析

本任务是导入的素材，分布在多个轨道，给不同轨道上的素材设置不同的转场，制作"多轨道特效转"影片。Premiere CC 软件提供的强大转场功能可以生成多种炫目的转场特效，如果多个转场同时出现在一个画面上，则会出现更加绚丽的效果。

知识点学习：同时在多个轨道上运用转场。

自主实践

1. 新建项目文件

启动 Premiere CC，在【开始】对话框中选择【新建项目】选项，弹出【新建项目】对话框。在【新建项目】对话框的【名称】栏中输入"多轨道转场特效"，在【位置】栏选择存储位置，单击【确定】按钮，进入 Premiere CC 编辑界面。

2. 导入素材文件

把"昆虫""蜗牛""蝴蝶""小树"素材图片导入【项目】面板，导入素材图中如图 2.5.1 所示。

3. 素材位置

把"小树"素材图片拖曳至【时间轴】面板的视频轨道 V1，时间长度为 15 秒，如图 2.5.2 所示。

4. 设置"小树"素材图片参数

展开【效果控件】，设置【位置】为（640.0，562.0），【缩放】为141.0，如图2.5.3所示。

图 2.5.1　导入素材图片　　　　　　　　　　　　　　图 2.5.2　素材位置

5. 设置"昆虫"素材图中参数

将时间轴播放指针线放在第一帧，把"昆虫"素材图片拖曳至【时间轴】面板的视频轨道V2中，时间长度为5秒，设置【位置】为（640.0，540.0），【缩放】为100.0，如图2.5.4所示。

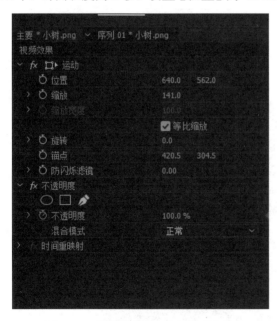

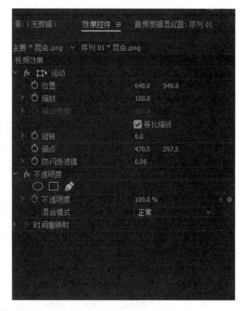

图 2.5.3　设置"小树"素材图片参数　　　　　　　图 2.5.4　设置"昆虫"素材图片参数

6. 设置"蝴蝶"素材图片参数

将时间轴播放指针放在第 10 秒处，把"蝴蝶"素材图片拖曳至【时间轴】面板的视频轨道V3中，时间长度为5秒，设置【位置】为（640.0，540.0），【缩放】为100.0，如图2.5.5所示。

7．四个轨道位置

四个素材图片分别对应的轨道位置如图 2.5.6 所示。

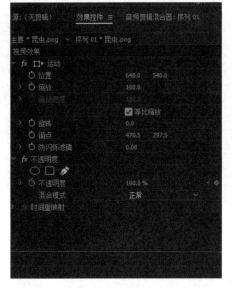

图 2.5.5　设置"蝴蝶"素材图片参数

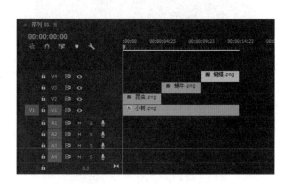

图 2.5.6　四个轨道位置

8．同时在多个轨道运用转场的方法

选择【时间轴】面板的视频轨道 V2"昆虫"素材图片，单击【效果】|【划像】，选择【菱形划像】选项添加转场，效果如图 2.5.7 所示。

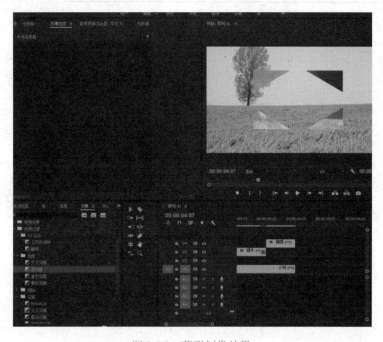

图 2.5.7　菱形划像效果

9．圆划像效果

选择【时间轴】面板的视频轨道 V3 "蜗牛" 素材图片，单击【效果】|【划像】，选择【圆划像】选项添加转场，如图 2.5.8 所示。

图 2.5.8　圆划像效果

10．交叉划像效果

选择【时间轴】面板的视频轨道 V4 "蝴蝶" 素材图片，单击【效果】|【划像】，选择【交叉划像】选项添加转场，如图 2.5.9 所示。

图 2.5.9　交叉划像效果

举一反三

新建一个项目文件，导入素材图片文件，使用本任务的方法，制作在同一画面中出现多层轨道转场特效，如图 2.5.10 所示，制作"光影无限"影片。

图 2.5.10　"光影无限"影片制作

2.6　自定义转场

任务展示

任务分析

本任务是利用预先在 Photoshop 软件中制作一个灰度图，制作"自定义转场"影片。对于在视频制作过程中的画面切换，没有特殊要求的可以采用直接切换方式，有特殊要求的则需要采用适当的方式进行转场。Premiere CC 软件中大量的转场特效可供制作者选择，用户还可以在某些转场设置中进行自定义设置，根据自己的需要，使用自定义的方式尝试更多的转场效果。

知识点学习：特定转场中的自定义设定和灰度图制作自定义转场。

1.特定转场中的自定义设定。Premiere CC 软件中的转场效果，有些特定转场设定有自定义功能。设定有自定义功能的特定转场，在把转场曳至【时间轴】面板的轨道上后，会弹出【自定义】对许框，或单击选择【时间轴】面板视频轨道上的转场标签，单击【源监视器】窗口中的【效果控件】选项，会出现【自定义】选项，单击该【自定义】选项，则弹出【自定义】对话框，用可户可根据需要，自行设定各参数。

2. 用灰度图制作自定义转场。预先在 Photoshop 软件中制作一个灰度图，保存到素材文件夹中，导入到【项目】面板时，在弹出的对话框中选择导入为各个图层，选中灰度图层，单击【确定】按钮，根据需要，把灰度图拖曳至【时间轴】面板的视频轨道中，设置特定的转场效果。

自主实践

1. 新建项目文件

启动 Premiere CC，在【开始】对话框中选择【新建项目】选项，弹出【新建项目】对话框。在【新建项目】对话框的【名称】栏中输入"自定义转场"，在【位置】栏选择存储位置，单击【确定】按钮，进入 Premiere CC 编辑界面。

2. 建立时间序列

在菜单栏单击【文件】|【新建】|【序列】或按组合键【Ctrl+N】，打开【新建序列】对话框，在【可用预设】列表中选择国内电视制式通用的【DV-PAL】|【标准 48kHz】，在【序列名称】栏输入序列名称"自定义转场"，单击【确定】按钮，建立时间序列。

3. 导入素材文件

在菜单栏单击【文件】|【导入】或按组合键【Ctrl+I】，打开【导入】对话框，选择灰度图（预先在 Photoshop 软件中制作一个灰度图，保存到素材文件夹中），导入到【项目】面板。在弹出的对话框中选择导入为各个图层，选中灰度图层，单击【确定】按钮，如图 2.6.1 所示。

4. 导入素材

批量导入"粉笔.jpg"和"团子.jpg""咖啡.jpg""马卡龙 3.jpg"素材文件，如图 2.6.2 所示。

5. 制作自定义转场效果

把灰度图拖曳至【时间轴】面板的视频轨道 V2 中，时间长 12 秒，如图 2.6.3 所示。

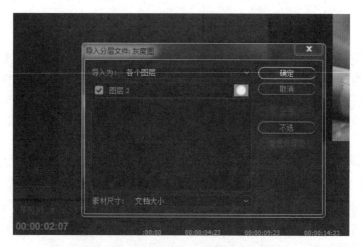

图 2.6.1　导入灰度图

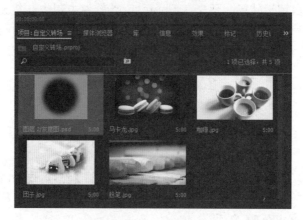

图 2.6.2　导入素材

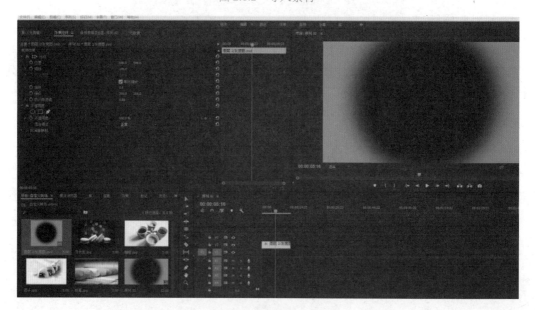

图 2.6.3　把灰度图拖曳至轨道 V2

6. 【序列自动化】对话框

选择"粉笔.jpg""团子.jpg""咖啡.jpg""马卡龙.jpg"四张图片，单击 ▦ 自定义匹配到轨道 V1 中。弹出【序列自动化】对话框，如图 2.6.4 所示，在【转换】栏下勾选【应用默认视频过渡】，单击【确定】按钮。

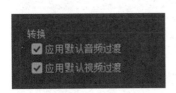

图 2.6.4　设置【序列自动化】对话框

7. 预览自定义转场效果

在【节目监视器】窗口中，单击【播放】按钮，预览自定义转场效果，如图 2.6.5 所示。

图 2.6.5　自定义转场效果

8. 输出编辑结果

输出编辑结果，完成任务。

 举一反三

新建一个项目文件，导入素材图片文件和灰度图文件，使用本任务的方法，制作一个自定义转场效果的视频文件，如图 2.6.6 所示，制作"糖果自定义效果"影片。

图 2.6.6 "糖果自定义效果"影片制作

第 3 章

视频效果应用

3.1 色彩平衡效果

任务展示

任务分析

本任务主要对导入的素材应用【颜色校正】效果文件夹下的【颜色平衡】视频效果进行颜色变化的处理，再通过使用【交叉溶解】视频转场效果，实现图片之间渐隐的效果，制作"色彩平衡"影片。

知识点学习

　　在 Premiere CC 中，色彩校正又称为调色，是对视频画面颜色和亮度等相关信息的调整。因为使其能够表现出某种感觉或意境，或者对画面中的偏色进行校正，所以色彩校正是视频处理中一个相当重要的部分。

　　【颜色平衡】效果主要应用于视频后期色调的调整，通过本效果实现调整画面在红、绿、蓝三种颜色之间达到平衡。也可通过调整红、绿、蓝三种颜色各自的阴影、中间、高光等数值，调整画面的色调。

　　下面的操作是通过调整各颜色数值达到不一样的视觉效果。

　　首先导入素材"01.jpg"到当前序列中，并拖曳到【时间轴】上，并在【效果控制】下【运动】中将【缩放】设置为 74.0。如图 3.1.1 所示。

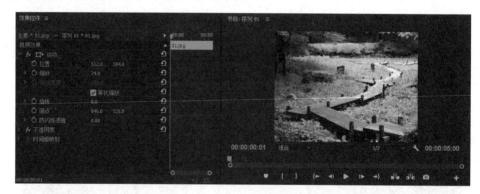

图 3.1.1　导入素材并设置素材"01.jpg"【缩放】数值

　　从【效果】窗口中打开【视频效果】下的【颜色校正】，选择【颜色平衡】选项，将其拖曳至【时间轴】中视频 1 轨道中的图片上，设置【颜色平衡】下的【阴影红色平衡】为 80.0，如图 3.1.2 所示。

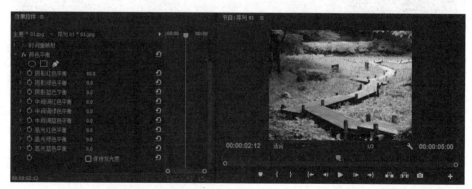

图 3.1.2　设置【阴影红色平衡】数值

　　将【阴影红色平衡】设置为 0.0，【中间调红色平衡】设置为 80.0，如图 3.1.3 所示。

　　将【中间调红色平衡】设置为 0.0，【高光红色平衡】设置为 80.0，如图 3.1.4 所示。

　　观察发现设置三个不同的数值所对应的效果是不一样的，分别从图片的阴影、中间调、高光三方面改变画面效果。

图 3.1.3　设置【中间调红色平衡】数值

图 3.1.4　设置【高光红色平衡】数值

自主实践

1. 新建项目文件

启动 Premiere CC，在【开始】对话框中选择【新建项目】选项，弹出【新建项目】对话框。在【新建项目】对话框的【名称】栏中输入"色彩平衡"，在【位置】栏选择存储位置，单击【确定】按钮，进入 Premiere CC 编辑界面。

2. 建立时间序列

在菜单栏单击【文件】|【新建】|【序列】或按组合键【Ctrl+N】，打开【新建序列】对话框，在【可用预设】列表中选择国内电视制式通用的【DV-PAL】|【标准 48kHz】，在【序列名称】栏输入序列名称"色彩平衡"，单击【确定】按钮，建立时间序列。

3. 导入素材文件

在菜单栏单击【文件】|【导入】或按组合键【Ctrl+I】，打开【导入】对话框，选择"树.jpg"，（一个图像文件），如图 3.1.5 所示。

4. 将素材文件放入时间轴

从【项目】面板中，选择"树.jpg"，将其拖曳至【时间轴】的视频 1 轨道中，在【效果控制】面板对【运动】进行设置：【缩放】为 173.0，并按组合键【Ctrl+C】复制第 1 张图片的【运动】，用同样的操作从【项目】窗口中再拖曳4次，连接排列在视频1轨道中，选中第2张图片按组合键【Ctrl+V】粘贴【运动】数值，以此类推，粘贴【运动】数值到后面几张图片上，这样放置了5张图片在视频1轨道中，每张图片3秒，时间总长度为15秒，如图3.1.6所示。

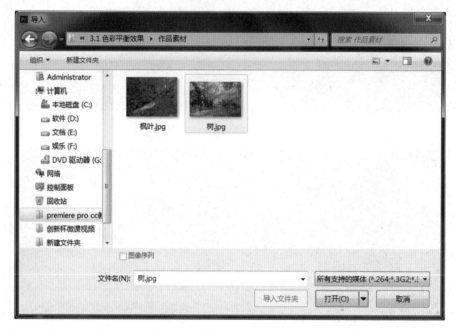

图 3.1.5　导入"树.jpg"图片

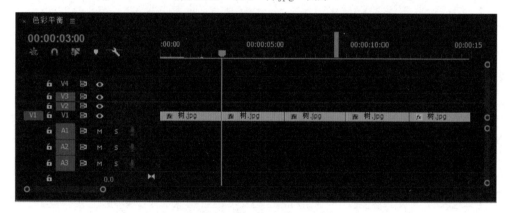

图 3.1.6　放置图片到轨道上

5. 应用调色效果

从【效果】窗口中打开【视频效果】下的【颜色校正】，选择【颜色平衡】选项，将其拖曳至【时间轴】中视频1轨道中的第1张图片上，准备设置【颜色平衡】效果。

提个醒 ——————————————————————————————————

软件的操作界面一般为编辑界面，为了方便调试调色效果，可以将软件的操作界面更换为【颜色】界面。可单击菜单【窗口】|【工作区】|【颜色】命令，切换成【颜色】界面。

6. 调整效果数值

（1）将第 1 张照片整体调整为绿色，在【效果控件】面板对【颜色平衡】进行设置：【阴影绿色平衡】为 84.0，【中间调绿色平衡】为 100.0，【高光绿色平衡】为 20.0，如图 3.1.7 所示。

图 3.1.7　设置绿色【色彩平衡】视频效果数值

（2）将第 2 张照片整体调整为红色，在【效果控件】面板对【颜色平衡】进行设置：【中间调绿色平衡】为-83.0，【中间调蓝色平衡】为 41.0，如图 3.1.8 所示。

图 3.1.8　设置红色【色彩平衡】视频效果数值

（3）将第 3 张照片整体调整为黄色，在【效果控件】面板对【颜色平衡】进行设置：【阴影绿色平衡】为-8.0，【中间调红色平衡】为 100.0，【中间调绿色平衡】为 100.0，【高光绿色平衡】为 20.0，【高光蓝色平衡】为 73.0，如图 3.1.9 所示。

（4）将第 4 张照片整体调整为紫红色，在【效果控件】面板对【颜色平衡】进行设置：【阴影红色平衡】为 69.0，【阴影绿色平衡】为-74.0，【阴影蓝色平衡】为 100.0，【中间调红色平衡】为-2.0，【中间调蓝色平衡】为 100.0，【高光红色平衡】为 53.0，【高光蓝色平衡】为 100.0，如图 3.1.10 所示。

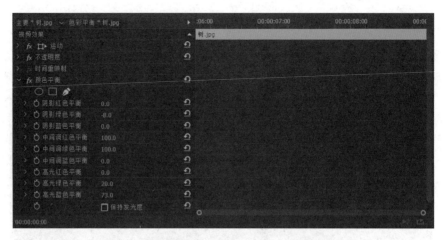

图 3.1.9 设置黄色【色彩平衡】视频效果数值

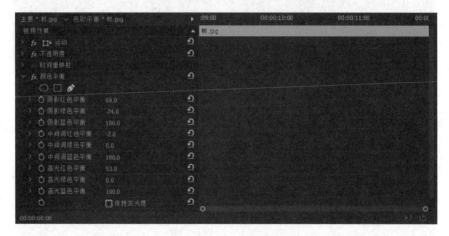

图 3.1.10 设置紫红色【色彩平衡】视频效果数值

7. 添加视频过渡效果

选择视频 1 轨道，将时间轴移动到起始帧位置，按组合键【Page UP】或组合键【Page Down】，将时间轴分别移动到 5 张图片的剪切点处，按组合键【Ctrl+D】添加默认的【交叉溶解】转场，【交叉溶解】转场持续时间为 1 秒，如图 3.1.11 所示。

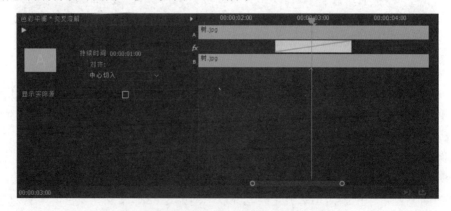

图 3.1.11 设置图片间的【交叉溶解】转场

8. 输出编辑结果

输出编辑结果，生成"色彩平衡"影片。

 知识拓展

颜色校正类视频效果是用于对影片片段进行颜色校正处理，使所有的影片片段色调同意，还可以做一些特效处理，使影片渲染出某种气氛，烘托出某种情调。

【Lumetri Color】应用效果后会弹出一个对话框，因为该效果支持来自其他系统的 SpeedGrade 或 LUT 中导出的".looks"文件，从而应用丰富的预设颜色分级效果。

【亮度与对比度】效果主要是针对亮度和对比度进行一系列的调整来改善视频画面。

【分色】效果用于删除指定的颜色，可以将彩色画面转化为灰度画面，并能保证画面的颜色模式不发生改变。

【均衡】效果可以使视频画面达到均衡的效果，默认的均衡样式为"Photoshop 样式"。

【更改为颜色】效果可以在视频画面中选择一种颜色，将其转化成另一种颜色的色调、透明度、饱和度。

【更改颜色】效果用于改变视频画面中某种颜色区域的色调、饱和度或亮度，通过选择一个基本色并设置相似值来确定区域。

【色彩】效果可以将黑色和白色映射为另一种颜色，对视频画面的色调进行设置。

【视频限幅器】效果可以确保在修正视频画面颜色后，使视频处于指定的限制范围内，它可以限制视频的所有信号。

【通道混合器】效果通过设置每一个颜色通道的数值，产生灰阶图或其他色调的图。

【颜色平衡（HLS）】效果可以使视频画面基于 HLS，调整色相、亮度和饱和度从而达到平衡。

 举一反三

新建一个项目文件，导入素材文件，使用知识拓展中的【更改颜色】效果，制作出枫叶由绿变红的视频，如图 3.1.12 所示，制作"枫叶红了"影片。

图 3.1.12　"枫叶红了"影片制作

3.2 边角定位效果

任务展示

任务分析

本任务主要对导入素材应用【边角定位】效果，调整素材的 4 个角点到一定位置即可将其变形，另外还添加了【网格】效果，制作"画现变形"影片。

知识点学习

【边角定位】视频效果可以改变视频画面 4 个角的位置，从而改变视频画面的形状。

导入素材"01.jpg"、素材"02.jpg"到当前序列中，并拖曳到【时间轴】上，如图 3.2.1 所示。

图 3.2.1　导入素材"01.jpg"、素材"02.jpg"

从【效果】窗口中打开【视频效果】下的【扭曲】，选择【边角定位】选项，将其拖曳至【时间轴】中视频 2 轨道中的图片上，设置【边角定位】下的【左上】为（261.0,196.0）；【右上】为（885.0,55.0）；【左下】为（248.0,553.0），【右下】为（918.0,522.0）。如图 3.2.2 所示。

图 3.2.2　设置【边角定位】参数

【网格】视频效果可以添加一个网格产生叠加的效果，在【效果控件】面板中，可以对网格的大小、不透明度、混合模式等进行设置。

导入素材"科技.jpg"到当前序列中，并拖曳到【时间轴】上，如图 3.2.3 所示。

图 3.2.3　导入素材"科技.jpg"

从【效果】窗口中打开【视频效果】下的【生成】，选择【网格】选项，将其拖曳至【时间轴】中视频 1 轨道中的图片上，设置【网格】下的【大小依据】为宽度滑块，【宽度】为 60.0，【不透明度】为 80.0，【混合模式】为叠加，如图 3.2.4 所示。

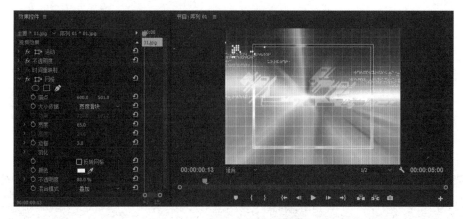

图 3.2.4　设置【网格】的参数

自主实践

1. 新建项目文件

启动 Premiere CC，在【开始】对话框中选择【新建项目】选项，弹出【新建项目】对话框。在【新建项目】对话框的【名称】栏中输入"画面变形"，在【位置】栏选择存储位置，单击【确定】按钮，进入 Premiere CC 编辑界面。

2．建立时间序列

在菜单栏单击【文件】|【新建】|【序列】或按组合键【Ctrl+N】，打开【新建序列】对话框，在【可用预设】列表中选择国内电视制式通用的【DV-PAL】|【标准 48kHz】，在【序列名称】栏输入序列名称"画面变形"，单击【确定】按钮，建立时间序列。

3．导入素材文件

在菜单栏单击【文件】|【导入】或按组合键【Ctrl+I】，打开【导入】对话框，选择"广告牌.jpg"，以及"广告内容.avi"这两个文件，如图 3.2.5 所示。

图 3.2.5　导入"广告牌.jpg"图片、"广告内容.avi"视频

4．将素材文件放入时间轴

（1）从【项目】面板中，选择"广告牌.jpg"，将其拖入【时间轴】面板的视频 1 轨道中。

（2）再从【项目】面板中，选择"广告内容.avi"，将其拖入【时间轴】面板的视频 2 轨道中。如图 3.2.6 所示。

图 3.2.6　将"广告牌.jpg""广告内容.avi"拖入时间轴

5. 应用边角定位效果

从【效果】窗口中打开【视频效果】下的【扭曲】，选择【边角定位】选项，将其拖曳至【时间轴】面板中视频 2 轨道中的视频素材上，设置【边角定位】效果，如图 3.2.7 所示。

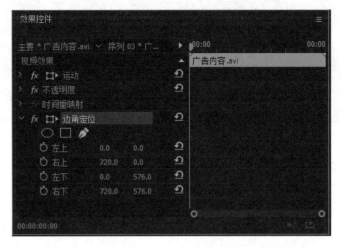

图 3.2.7　"广告内容.avi"添加【边角定位】效果

提个醒

操作时，既可以在【效果控件】面板中设置视频画面 4 个角的坐标，也可以直接在监视器中拖曳画面的 4 个角，任意改变。

6. 调整边角定位数值

（1）在【效果控件】窗口中选择【边角定位】选项后，在预览窗口中可以看到 4 个坐标点，如图 3.2.8 所示。

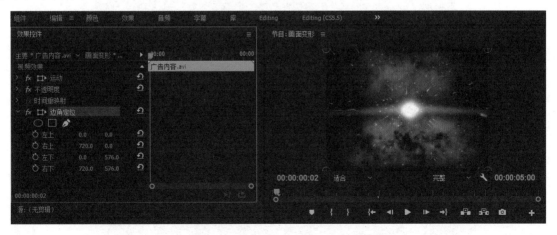

图 3.2.8　【边角定位】效果设置

（2）在【节目监视器】拖曳 4 个坐标点，将"广告内容.avi"缩小，并参照"广告牌.jpg"中广告牌白板位置，将画面调整至合适的大小，如图 3.2.9 所示。

图 3.2.9　【边角定位】效果设置

7. 应用网格效果

（1）在"广告内容.avi"上添加方格排列的效果，从【效果】窗口中打开【视频效果】下的【生成】，选择【网格】选项，将其拖曳到视频 2 轨道中的"广告内容.avi"视频素材上。

（2）在【效果控制】窗口中选择【网格】选项，将其拖曳至【边角定位】的上方。

提个醒

【网格】效果要在【边角定位】 效果上方，不然【网格】效果会体现不出来。

（3）对【网格】进行如下设置：在 0 帧的位置，【锚点】输入为（360.0,288.0），并打开 ⏱ 【切换动画】按钮，在 4 秒的位置，【锚点】输入为（439.0,350.0），将会自动生成关键帧。【边框】为 8，【颜色】为（R：29；G：26；B：26），并将【混合模式】设置为相加，如图 3.2.10 所示。

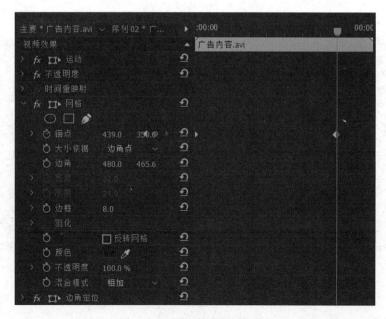

图 3.2.10　【网格】效果设置

8．输出编辑结果

输出编辑结果，生成"画面变形"影片。

 知识拓展

扭曲类视频效果主要通过对图像进行几何扭曲变形来制作各种各样的画面变形效果。

【位移】该特效可以将图像自身进行混合运动，可以在一个层内移动图像，将图像各部分的位置偏移，从而产生位移效果。

【变换】该特效可以对图像的定位点、位置、尺寸、透明度、倾斜度和快门角度等进行综合调整。

【放大】该特效可以使图像产生类似放大镜的扭曲变形效果。

【旋转】该特效可以使图像产生一种沿指定中心旋转变形，可以使视频画面产生波浪状的旋转效果。

【果冻效应修复】该特效是一种像果冻般变形，颜色发生变化的现象。

【波形变形】该特效可以使视频画面产生波形效果。

【球面化】该特效可以使视频画面中的某一个区域出现球面的效果，更有立体感。

【紊乱置换】该特效一般用于制作热浪、火焰等效果。

【镜头扭曲】该特效可以使视频画面发生一些曲线的变化。

 举一反三

新建一个项目文件，导入素材文件，使用知识拓展中的【球面化】效果，制作出球面化效果的视频，如图 3.2.11 所示，制作"球面化效果"影片。

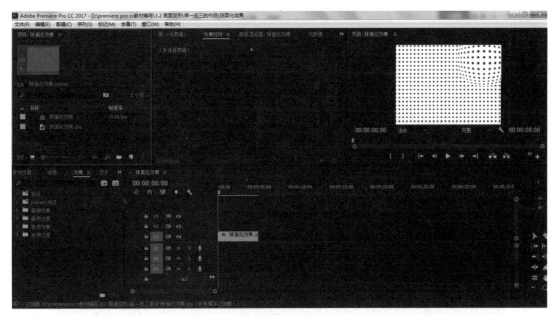

图 3.2.11　"球面化效果"影片制作

3.3 镜像效果

任务展示

任务分析

本任务主要对导入素材应用【扭曲】效果文件夹下的【镜像】视频效果制作出水中倒影的效果，再通过使用【光照效果】视频效果，对其进行太阳光的模拟，制作"青山绿水"影片。

知识点学习

倒影效果在后期处理中较为常见，利用率也较高，所以本节通过使用【镜像】视频效果，快速并便捷地解决了水中倒影的效果。

1. 【镜像】微视频效果产生一个对称的图像

导入素材"人物.jpg"到当前序列的【项目】面板中，并选择"人物.jpg"，将其拖入【时间轴】的视频 1 轨道中，如图 3.3.1 所示。

图 3.3.1 导入素材"人物.jpg"

从【效果】窗口中打开【视频效果】下的【扭曲】，选择【镜像】选项，将其拖曳至【时间轴】中视频 1 轨道中的图片上，设置【反射中心】为（600.0,398.0）。如图 3.3.2 所示。

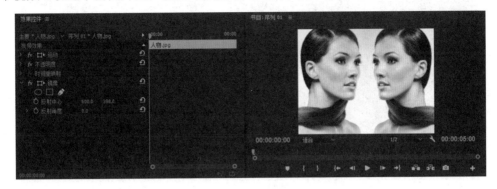

图 3.3.2　设置【镜像】参数

2．裁剪

【裁剪】可以通过顶部、底部、左侧、右侧对视频画面进行裁剪，只显示未被裁剪的部分。

导入素材"01.avi"、素材"02.jpg"到当前序列中从项目窗口中，并选择"02.jpg"，将其拖入【时间轴】的视频 1 轨道中，并在【效果控制】下【运动】中将【缩放】设置为 72.0。如图 3.3.3 所示。

图 3.3.3　导入素材并设置素材"02.jpg"【缩放】数值

选择"01.avi"，将其拖入时间线的视频 2 轨道中，并在【效果控制】下【运动】中将【缩放】设置为 66.0，并从【效果】窗口中打开【视频效果】下的【变换】，选择【裁剪】选项，将其拖曳至【时间轴】中视频 2 轨道中的视频上，将【裁剪】下的【左侧】设置为 1.0%，【顶部】设置为 11%；【右侧】设置为 0%，【底部】设置为 11%。如图 3.3.4 所示。

3．光照效果

【光照效果】至多 5 盏灯对素材施加灯光效果，此效果可以控制灯的几乎所有属性，以达到仿真效果。有平行光、全光源、点光源三种光照类型，可以通过改变中央位置、主要半径和次要半径等的数值实现光源的位置和范围及角度强度等的改变。

导入素材"03.jpg"到当前序列中从项目窗口中，并选择"03.jpg"，将其拖入时间线的视频 1 轨道中，并在【效果控制】下【运动】中将【缩放】设置为 92.0。如图 3.3.5 所示。

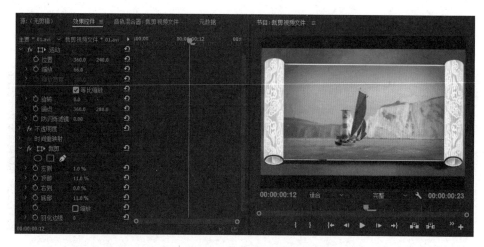

图 3.3.4　设置【缩放】以及【裁剪】的数值

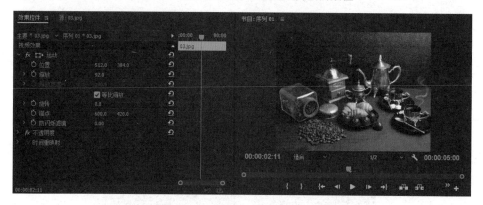

图 3.3.5　导入素材并设置素材"03.jpg"【缩放】数值

从【效果】窗口中打开【视频效果】下的【调整】，选择【光照效果】，将其拖曳至【时间轴】中视频 1 轨道中的图片上，打开【光照效果】下的【光照 1】的下拉菜单，设置【光照类型】为【点光源】；【光照颜色】为浅黄色；【中央】为（600.0，420.0），【主要半径】和【次要半径】为 35.0。设置【环境光照颜色】为淡黄色，【环境光照强度】为 5.0，如图 3.3.6 所示。

图 3.3.6　设置【光照效果】参数

 **自主实践**

1．新建项目文件

启动 Premiere CC，在【开始】对话框中选择【新建项目】选项，弹出【新建项目】对话框。在【新建项目】对话框的【名称】栏中输入"青山绿水"，在【位置】栏选择存储位置，单击【确定】按钮，进入 Premiere CC 编辑界面。

2．建立时间序列

在菜单栏单击【文件】|【新建】|【序列】或按组合键【Ctrl+N】，打开【新建序列】对话框，在【可用预设】列表中选择国内电视制式通用的【DV-PAL】|【标准 48kHz】，在【序列名称】栏输入序列名称"青山绿水"，单击【确定】按钮，建立时间序列。

3．导入素材文件

在菜单栏单击【文件】|【导入】或按组合键【Ctrl+I】，打开【导入】对话框，选择"湖面.jpg""青山.jpg"这两个文件，如图 3.3.7 所示。

图 3.3.7　导入"湖面.jpg""青山.jpg"图片

4．将素材文件放入时间轴

（1）从【项目】面板中，选择"青山.jpg"，将其拖入【时间轴】面板的视频 1 轨道中，并在【效果控制】下【运动】中将【缩放】设置为 78.0。

（2）从【项目】面板中，选择"湖面.jpg"，将其拖入【时间轴】面板的视频 2 轨道中，并在【效果控制】下【运动】中将【缩放】设置为 270.0，如图 3.3.8 所示。

5．应用镜像效果

从【效果】窗口中打开【视频效果】下的【扭曲】，选择【镜像】选项，将其拖曳至【时间轴】中视频 1 轨道中的视频素材上，准备设置【镜像】效果。设置【反射中心】为（1200.0,500.0），【反射角度】为 90°，如图 3.3.9 所示。

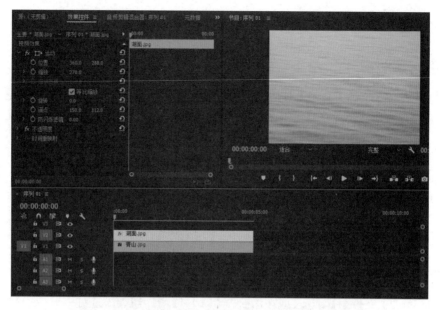

图 3.3.8　将"湖面.jpg""青山.jpg"放入【时间轴】

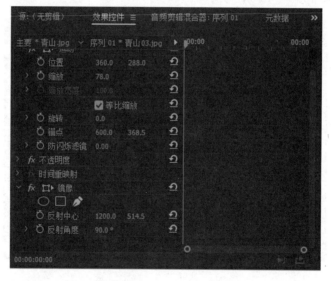

图 3.3.9　设置【镜像】数值

6．应用裁剪效果

（1）从【效果】窗口中打开【视频效果】下的【变换】，选择【裁剪】选项，将其拖曳至【时间轴】中视频 1 轨道中的视频素材上，准备设置【裁剪】效果。

（2）参照视频 1 轨道中的"青山"素材的效果，将裁剪"湖面"素材的上半部分，展开效果控件下的【裁剪】效果，设置【裁剪】效果【顶部】为 70.0%。

（3）设置"湖面"素材的透明度，在【效果控制】的【运动】下展开【不透明度】，设置【不透明度】为 60.0%，如图 3.3.10 所示。

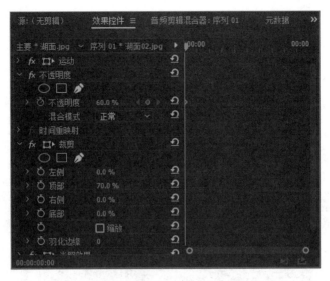

图 3.3.10　设置裁剪以及不透明度数值

7. 应用光照效果

（1）在【湖面】视频轨道上添加光照的效果，从【效果】窗口中打开【视频效果】下的【调整】，选择【光照效果】选项，将其拖曳到视频 2 轨道中的"湖面.jpg"图片素材上。

（2）在【效果控制】窗口中单击【光照效果】，并对【光照效果】进行如下设置：将【光照1】展开，【光照类型】设置为【全光源】，【中央】设置为（118.0,174.0），如图 3.3.11 所示。

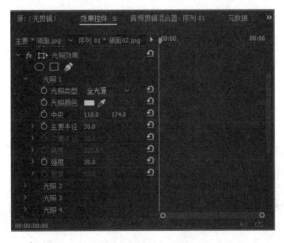

图 3.3.11　设置【光照效果】数值

8. 输出编辑结果

输出编辑结果，生成"青山绿水"影片。

 知识拓展

变化类主要通过对图像的位置、方向和距离等参数进行调节，从而制作出画面视角变化的效果。

【垂直翻转】可以实现画面上下翻转的效果。

【水平翻转】可以实现画面水平翻转的效果。

【羽化边缘】可以使画面边缘出现羽化的效果。

 举一反三

新建一个项目文件，导入素材文件，使用的【波形变形】效果，制作出水波倒影并且荡漾的视频，如图 3.3.12 所示，制作"绿波荡漾"影片。

图 3.3.12　"绿波荡漾"影片制作

3.4　键控特效

任务展示

本任务主要应用【键控】效果文件夹下的【亮度键】视频效果进行抠像处理，再通过使用【渐变】视频效果，对其进行色彩变换。

键控也称为抠像技术。在影视技术中常常将两个或两个以上不同时空的不同景物或者人物的镜头重叠起来，通过特殊处理之后保留其中的一部分内容，这就是抠像技术。

在影视制作中，采集抠像素材时，一般都采用一个蓝色的背景或者一个绿色的背景。【键控】类视频效果主要用于对图像进行抠像操作，通过各种抠像方式、不同画面图层的叠加方法等来合成不同的场景，或者制作各种无法拍摄的画面。

在【键控】类视频效果中存在有抠像效果的特效包括如下。

【Alpha 调整】：效果是指通过 Alpha 通道来改变视频画面的叠加效果。Alpha 通道是图像中不可见的灰度通道，使用它可以把所需要的图像分离出来，该特效也可以按照画面的灰度等级来决定叠加效果。

导入素材"01.jpg"、素材"02.jpg"到当前【项目】面板，并拖曳到【时间轴】面板上，如图 3.4.1 所示。

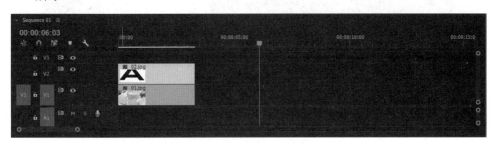

图 3.4.1　导入素材"01.jpg"、素材"02.jpg"

从【效果】窗口中打开【视频效果】下的【键控】，选择【Alpha 调整】选项，将其拖曳至【时间轴】中视频 2 轨道中的视频上，当时间为 0 的时候，打开【不透明度】前的秒表，当时间为 2 秒时，将【不透明度】的数值设置为 0%。如图 3.4.2 所示。

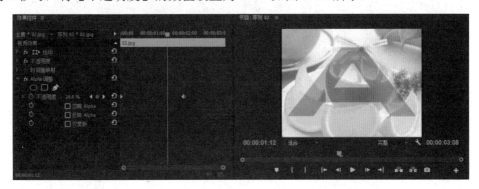

图 3.4.2　设置【Alpha 调整】的数值

【亮度键】效果可以抠去画面中较暗的部分使之变得透明，从而显现出底层画面的效果。

导入素材"01.jpg"、素材"02.jpg"到当前【项目】面板中，并拖曳到【时间轴】面板上，如图 3.4.3 所示。

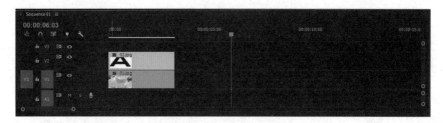

图 3.4.3　导入素材"01.jpg"、素材"02.jpg"

从【效果】窗口中打开【视频效果】下的【键控】，选择【亮度键】选项，将其拖曳至【时间轴】面板中视频 2 轨道中的视频上，这样就会将素材"02.jpg"上较深的"A"字样式抠掉，从而显示出底层画面，如图 3.4.4 所示。

图 3.4.4　设置【亮度键】

【超级键】效果是在具有支持 NVIDIA 显卡的计算机上采用 GPU 加速，从而提高播放和渲染性能。

导入素材"03.jpg"、素材"04.jpg"到当前【项目】面板中，并拖曳到【时间轴】面板上，如图 3.4.5 所示。

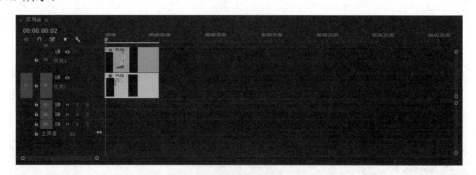

图 3.4.5　导入素材"03.jpg"、素材"04.jpg"

从【效果】窗口中打开【视频效果】下的【键控】，选择【超级键】选项，将其拖曳至【时间轴】面板中视频 2 轨道中的视频上，用【主要颜色】的【吸管工具】 吸取【节目监视器】窗口中绿色背景的绿色，再设置【遮罩清除】下的【抑制】为 17.0，如图 3.4.6 所示。

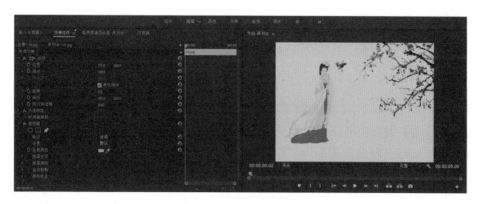

图 3.4.6　设置【超级键】数值

【非红色键】效果用于去除画面中的蓝色或绿色背景。

导入素材"03.jpg"、素材"04.jpg"到当前【项目】面板中,并拖曳到【时间轴】面板上,如图 3.4.7 所示。

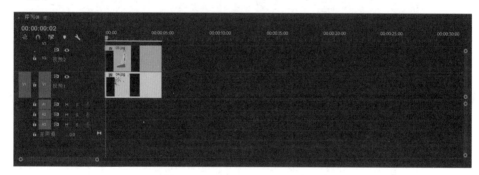

图 3.4.7　导入素材"03.jpg"、素材"04.jpg"

从【效果】窗口中打开【视频效果】下的【键控】,从中选择【非红色键】选项,将其拖曳至【时间轴】面板中视频 2 轨道中的视频上,将【阈值】设置为 24.0%,【屏蔽度】设置为 5.0%,如图 3.4.8 所示。

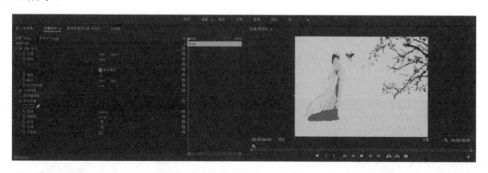

图 3.4.8　设置【非红色键】数值

自主实践

1. 新建项目文件

启动 Premiere CC,在【开始】对话框中选择【新建项目】选项,弹出【新建项目】对话框。

在【新建项目】对话框的【名称】栏中输入"抠像效果"，在【位置】栏选择存储位置，单击【确定】按钮，进入 Premiere CC 编辑界面。

2．建立时间序列

在菜单栏单击【文件】|【新建】|【序列】或按组合键【Ctrl+N】，打开【新建序列】对话框，在【可用预设】列表中选择国内电视制式通用的【DV-PAL】|【标准 48kHz】，在【序列名称】栏输入序列名称"抠像效果"，单击【确定】按钮，建立时间序列。

3．导入素材文件

在菜单栏单击【文件】|【导入】或按组合键【Ctrl+I】，打开【导入】对话框，选择"背景.jpg"，以及"抠图视频.mov"这两个文件，如图 3.4.9 所示。

图 3.4.9　导入"背景.jpg""抠图视频.mov"

4．将素材文件放入时间轴

（1）从项目面板中，选择"背景.jpg"，将其拖入【时间轴】面板的视频 1 轨道中，并在【效果控制】下【运动】中将【缩放】设置为 78.0。

（2）再从项目面板中，选择"抠图视频.mov"，将其拖入【时间轴】的视频 2 轨道中。如图 3.4.10 所示。

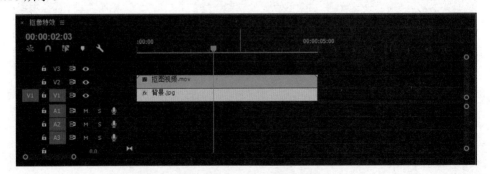

图 3.4.10　放置素材到轨道上

5. 应用亮度键效果

从【效果】面板中打开【视频效果】下的【键控】，选择【亮度键】选项，将其拖曳至【时间轴】面板中视频 2 轨道中的视频素材上，对【亮度键】进行设置：阈值为 100.0%，如图 3.4.11 所示。

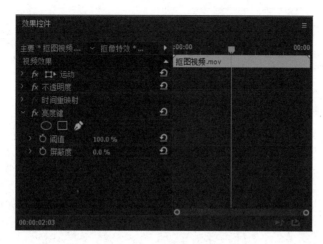

图 3.4.11　应用亮度键效果

6. 应用渐变效果

（1）从【效果】中打开【视频效果】下的【生成】，选择【渐变】选项，将其拖曳至【时间轴】中视频 2 轨道中的视频素材上，准备设置【渐变】效果。

（2）在【效果控制】中单击选中【渐变】，对【渐变】进行如下设置：起始颜色为（R：232；G：155；B：21），结束颜色为（R：240；G：16；B：255），如图 3.4.12 所示。

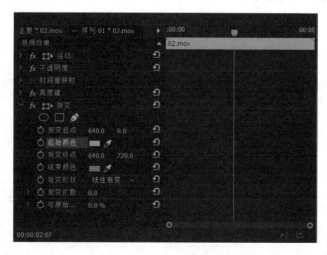

图 3.4.12　应用渐变效果

7. 输出编辑结果

输出编辑结果，生成"抠像效果"影片。

举一反三

新建一个项目文件，导入素材文件，使用所学知识中的"亮度键"效果，制作出相框效果的视频，如图 3.4.13 所示，制作"视频抠像"影片。

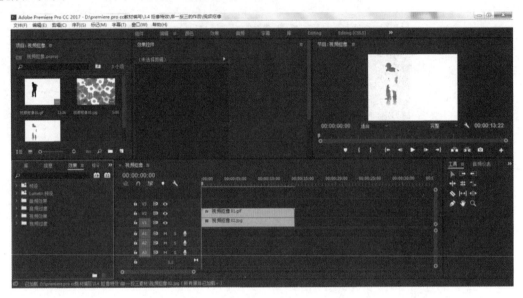

图 3.4.13　　"视频抠像"影片制作

3.5　多效果应用

任务展示

本任务主要应用多个效果共同协作，制作水墨画效果。

知识点学习

水墨画是我国的民族文化特色，本次水墨画效果运用了"黑白"视频效果使普通的风景画变成接近水墨画的黑白颜色，再运用"查找边缘"视频效果将水墨画特有的边缘效果制作出来，然后运用"色阶"视频效果使整个画面的图形更加明显，最后运用"高斯模糊"视频特效对画面中的图形进行适当的模糊，产生更形象的水墨效果。

1.【黑白】将素材的彩色画面转换成黑白图像

导入素材"01.jpg"到当前序列的【项目】面板中，并选择"01.jpg"，将其拖入【时间轴】面板的视频 1 轨道中，并在【效果控制】下【运动】中将【缩放】设置为 65.0，如图 3.5.1 所示。

图 3.5.1　导入素材"01.jpg"并设置【运动】数值

从【效果】面板中打开【视频效果】下的【图像控制】，选择【黑白】选项，将其拖曳至【时间轴】面板的视频 1 轨道中的视频上，如图 3.5.2 所示。

图 3.5.2　设置【黑白】效果

2. 【查找边缘】定义素材画面中明显的区域边界，并以暗色的线条进行强调

导入素材"02.jpg"到当前序列的【项目】面板中，并选择"02.jpg"，将其拖入【时间轴】面板的视频 1 轨道中，如图 3.5.3 所示。

图 3.5.3　导入素材"02.jpg"

从【效果】窗口中打开【视频效果】下的【风格化】，选择【查找边缘】选项，将其拖曳至【时间轴】面板的视频 1 轨道中的视频上，设置【与原始图像混合】为 7%，如图 3.5.4 所示。

图 3.5.4　设置【查找边缘】数值

3. 色阶

【色阶】操作素材的亮度和对比度。在效果控制面板中显示当前帧的色阶直方图。X 轴代表亮度，从左至右表示从暗到亮；Y 轴表示此亮度值的像素数。

导入素材"03.jpg"到当前序列的【项目】面板中，并选择"03.jpg"，将其拖入【时间轴】面板的视频 1 轨道中，如图 3.5.5 所示。

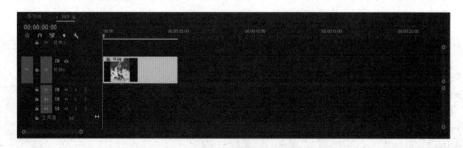

图 3.5.5　导入素材"03.jpg"

从【效果】面板中打开【视频效果】下的【调整】，选择【色阶】选项，将其拖曳至【时间轴】面板的视频 1 轨道中的视频上，设置【（RGB）输入黑色阶】为 7，【（RGB）输入白色阶】为 207，【（RGB）输出黑色阶】为 11，【（R）输入黑色阶】为 62，【（R）灰度系数】为 224，

【(G)输入黑色阶】为 66，【(G)输出黑色阶】为 27，【(B)输入黑色阶】为 68，【(B)灰度系数】为 132，如图 3.5.6 所示。

图 3.5.6　设置【色阶】数值

4. 高斯模糊

【高斯模糊】跟快速模糊类似，使用了高斯曲线，减少信号干扰。

导入素材 "04.jpg" 到当前序列的【项目】面板中，并选择 "04.jpg"，将其拖入【时间轴】面板的视频 1 轨道中，如图 3.5.7 所示。

图 3.5.7　导入素材 "04.jpg"

从【效果】中打开【视频效果】下的【模糊与锐化】，选择【高斯模糊】选项，将其拖曳至【时间轴】面板的视频 1 轨道中的视频上，设置【模糊度】为 30.0，再设置【模糊尺寸】为水平与垂直，如图 3.5.8 所示。

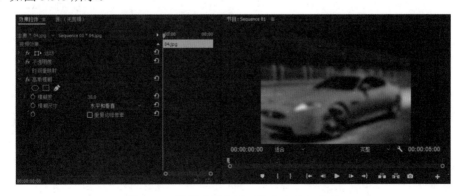

图 3.5.8　设置【模糊尺寸】为水平与垂直

将【模糊尺寸】设置为水平，如图 3.5.9 所示。

图 3.5.9　设置【模糊尺寸】为水平

将【模糊尺寸】设置为垂直，如图 3.5.10 所示。

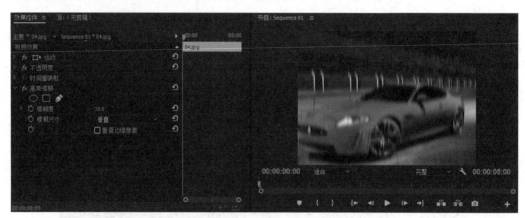

图 3.5.10　设置【模糊尺寸】为垂直

观察发现设置三个不同的方向所对应的效果是不一样的。

 自主实践

1. 新建项目文件

启动 Premiere CC，在【开始】对话框中选择【新建项目】，弹出【新建项目】对话框。在【新建项目】对话框的【名称】栏输入"抠像效果"，在【位置】栏选择存储位置，单击【确定】按钮，进入 Premiere CC 编辑界面。

2. 建立时间序列

在菜单栏单击【文件】|【新建】|【序列】或按组合键【Ctrl+N】，打开【新建序列】对话框，在【可用预设】列表中选择国内电视制式通用的【DV-PAL】|【标准 48kHz】，在【序列名称】栏输入序列名称"水墨画效果"，单击【确定】按钮，建立时间序列。

3. 导入素材文件

在菜单栏单击【文件】|【导入】或按组合键【Ctrl+I】，打开【导入】对话框，选择"桂林风光 01.jpg"图像文件，如图 3.5.11 所示。

图 3.5.11　导入"桂林风光.jpg"图片

4. 将素材文件放入时间轴

（1）从【项目】面板中，右击选择新建项目中的【颜色遮罩】，颜色设置为（R:122;G:84;B:65），将其命名为背景，并拖入【时间轴】面板的视频 1 轨道中。

（2）再从【项目】面板中，选择"桂林风光 01.jpg"，将其拖入【时间轴】面板的视频 2 轨道中，如图 3.5.12 所示。

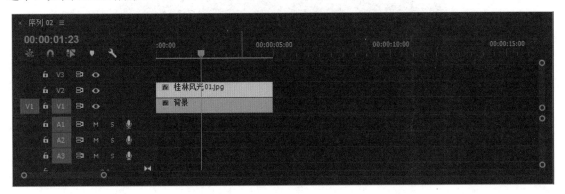

图 3.5.12　放置素材到轨道上

5. 应用黑白效果

从【效果】中打开【视频效果】下的【图像控制】，选择【黑白】选项，将其拖曳至【时间轴】面板的视频 2 轨道中的视频素材上，如图 3.5.13 所示。

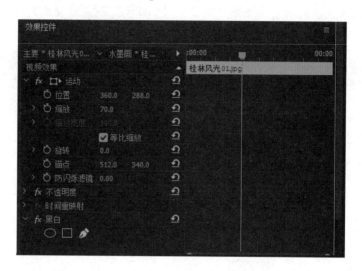

图 3.5.13　应用【黑白】效果

6．应用查找边缘效果

（1）从【效果】中打开【视频效果】下的【风格化】，选择【查找边缘】选项，将其拖曳至【时间轴】面板视频 2 轨道中的视频素材上。

（2）在【效果控制】设置【查找边缘】效果，将【与原始图像混合】设为 20%，如图 3.5.14 所示。

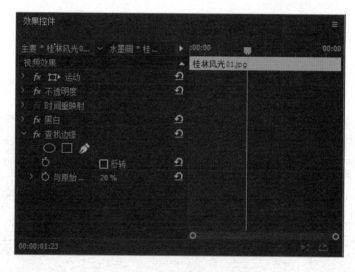

图 3.5.14　应用【查找边缘】效果

7．应用色阶效果

（1）从【效果】面板中打开【视频效果】下的【调整】，选择【色阶】选项，将其拖曳到【时间轴】面板视频 2 轨道中的"桂林风光.jpg"素材上。

（2）在【效果控制】面板设置【色阶】效果，单击【色阶】右侧的 ▄▄ 按钮，打开【色阶设置】对话框，将【输入色阶】设置为：黑色输入色阶为 90，灰色输入色阶为 3.00，白色输入色阶为 255，如图 3.5.15 所示。

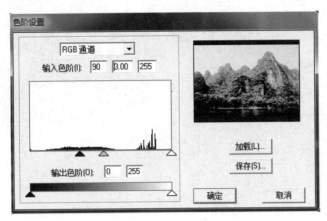

图 3.5.15　【色阶】效果设置

8．应用模糊效果

（1）从【效果】中打开【视频效果】下的【模糊与锐化】，选择【高斯模糊】选项，将其拖曳到视频 2 轨道中的"桂林风光 01.jpg"素材上。

（2）在【效果控制】设置【高斯模糊】效果的【模糊度】为 5.0，如图 3.5.16 所示。

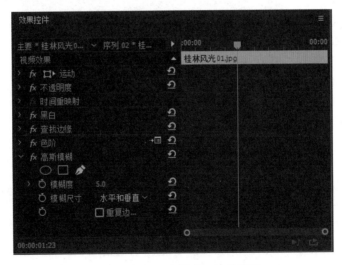

图 3.5.16　"高斯模糊"效果设置

9．水墨画的装裱

选择视频 2 轨道中的"桂林风光 01.jpg"，取消勾选【效果控制】中【运动】下的【等比缩放】，将【缩放高度】设置为 68.0，【缩放宽度】设置为 73.0，如图 3.5.17 所示。

图 3.5.17　【缩放】设置

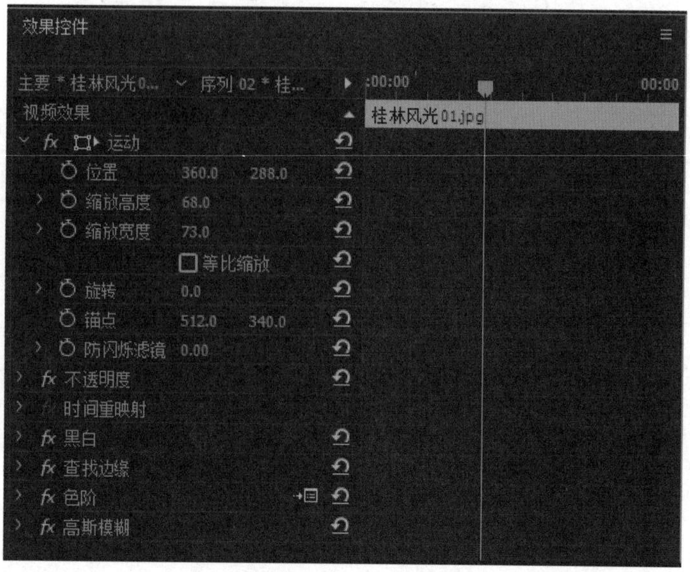

10．输出编辑结果

输出编辑结果，生成"水墨画效果"影片。

知识拓展

风格化类视频效果主要是通过改变图像中的像素或者对图像的色彩进行处理，从而产生各种抽象派或者印象派的作品效果，也可以模仿其他门类的艺术作品，效果主要如下。

【Alpha 发光】效果仅对具有 Alpha 通道的素材起作用，而且仅对第一个 Alpha 通道起作用，可以在 Alpha 通道指定的区域边缘产生一种颜色逐渐衰减或切换到另一种颜色的效果。

【复制】效果可以将视频画面分成若干区域，其中每个区域都将显示完整的画面效果。

【彩色浮雕】效果可以使画面阐释浮雕效果，但并不改变画面的初始颜色。

【抽帧】效果可以使画面产生色彩变化。

【曝光过度】效果可以使画面产生冲洗底片时的效果。

【查找边缘】效果可以强化视频画面中的过度像素来形成彩色线条，从而产生铅笔勾画的效果。

【浮雕】该效果和【彩色浮雕】类似，可以在画面中产生单色浮雕效果。

【画笔描边】效果可以为视频画面添加一个粗略的着色效果，另外通过设置该特效笔触的长短和密度，还可以制作出优化风格的效果。

【粗糙边缘】效果可以使画面呈现出一种粗糙的效果，该效果类似于腐蚀而成的纹理或溶解效果。

【纹理化】效果为视频提供其他轨道视频的纹理外观，并且可以控制纹理深度及明显光源。

【闪光灯】效果对剪辑执行算术运算，或使剪辑在定期或随机间隔透明。

【阈值】效果将灰度图像或彩色图像转换成高对比度的黑白图像。

【马赛克】视频效果是使用纯色矩形填充剪辑，使原始图像像素化。

举一反三

新建一个项目文件，导入素材文件，使用所学知识以及【键控】中的【亮度键】效果，制作水墨画效果的视频，如图 3.5.18 所示，制作"风景画"影片。

图 3.5.18 "风景画"影片制作

3.6 蒙版效果

任务展示

任务分析

本任务主要应用【键控】效果文件夹下的【颜色键】视频效果，以及通过使用【不透明度】下的蒙版工具进行抠像的处理，在通过使用【交叉溶解】转场效果，对其进行图片之间渐隐的效果。

知识点学习

蒙版是将多幅画面合成到一副画面的一种技术，而蒙版效果在后期处理中应用较为广泛，在 Premiere CC 中，蒙版效果的视频特效有【轨道蒙版】【图像遮罩键】【差值遮罩】【移除遮罩】等，而且在每一个特效下都有可以绘制蒙版的工具，使人更便捷地使用蒙版效果。

（1）【差值遮罩】效果可以对比两个相似的画面素材，并在屏幕中去掉画面的相似部分，只留下有差异的画面内容。

导入素材"01.jpg"到当前【项目】面板中，并拖曳到【时间轴】面板上，如图 3.6.1 所示。

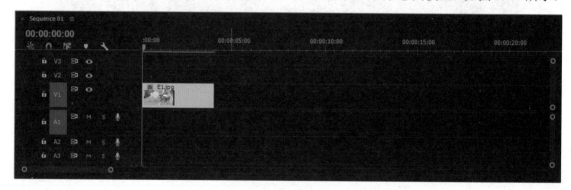

图 3.6.1 导入素材"01.jpg"并拖曳到时间轴上

从【效果】中打开【视频效果】下的【键控】，选择【差值遮罩】选项，将其拖曳至【时间轴】面板中视频 1 轨道中的视频上，设置【差值图层】为【无】，当时间为 0 帧时，打开【匹配容差】前的秒表 并设置为 73.0%，当时间为 3 秒时，设置【匹配容差】为 15.0%。这样便能观察出不同容差值下的区别，如图 3.6.2 所示。

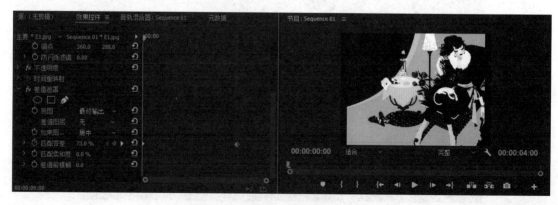

图 3.6.2 设置【差值遮罩】的数值

（2）【轨道遮罩键】用于将遮罩素材附加到目标画面上，隐藏或显示目标画面的部分内容。

导入素材"02.jpeg"、素材"03.psd"到当前【项目】面板中，并拖曳到【时间轴】上，如图 3.6.3 所示。

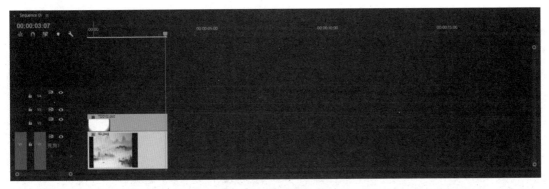

图 3.6.3　导入素材"02.psd"、素材"03.psd"并拖曳到时间轴上

从【效果】中打开【视频效果】下的【键控】，选择【轨道遮罩键】选项，将其拖曳至【时间轴】面板的视频 1 轨道中的视频上，设置【遮罩】为视频 2，设置【合成方式】为亮度遮罩，如图 3.6.4 所示。

图 3.6.4　设置【轨道遮罩】键的数值

（3）【颜色键】效果用于去除画面中的指定色彩。

导入素材"03.jpg"、素材"04.jpg"到【项目】面板中，并拖曳到【时间轴】面板上，如图 3.6.5 所示。

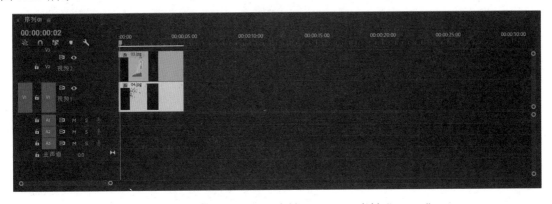

图 3.6.5　导入素材"03.jpg"、素材"04.jpg"、素材"05.png"

从【效果】中打开【视频效果】下的【键控】，选择【颜色键】选项，将其拖曳至【时间轴】面板的视频 2 轨道中的视频上，用【主要颜色】的【吸管工具】  吸取【节目监视器】中绿色背景的绿色，再设置【颜色容差】为 122，设置【边缘细化】为 1，设置【羽化边缘】为 2，如图 3.6.6 所示。

图 3.6.6　设置【颜色键】的数值

自主实践

1. 新建项目文件

启动 Premiere CC，在【开始】对话框中选择【新建项目】选项，弹出【新建项目】对话框。在【新建项目】对话框的【名称】栏中输入"蒙版效果"，在【位置】栏选择存储位置，单击【确定】按钮，进入 Premiere CC 编辑界面。

2. 建立时间序列

在菜单栏单击【文件】|【新建】|【序列】或按组合键【Ctrl+N】，打开【新建序列】对话框，在【可用预设】列表中选择国内电视制式通用的【DV-PAL】|【标准 48kHz】，在【序列名称】栏输入序列名称"蒙版效果 1"，单击【确定】按钮，建立时间序列。

3. 导入素材文件

在菜单栏单击【文件】|【导入】或按组合键【Ctrl+I】，打开【导入】对话框，选择"人物1.jpg""人物 2.jpg""花瓣飘落.mp4"，如图 3.6.7 所示。

4. 将素材文件放入时间轴

（1）从【项目】窗口中，选择"花瓣飘落.mp4"，将其拖入时间线的视频 1 轨道中。

（2）从【项目】窗口中，选择"人物 1.jpg"，将其拖入时间线的视频 2 轨道中。并在【效果控制】下【运动】中设置【缩放】值为 52.0，如图 3.6.8 所示。

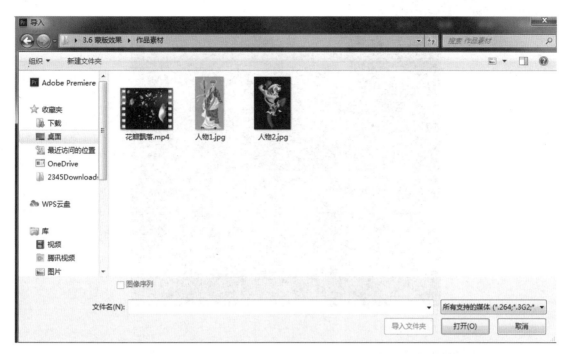

图 3.6.7　导入 "人物 1.jpg" "人物 2.jpg" "花瓣飘落.mp4" 图片

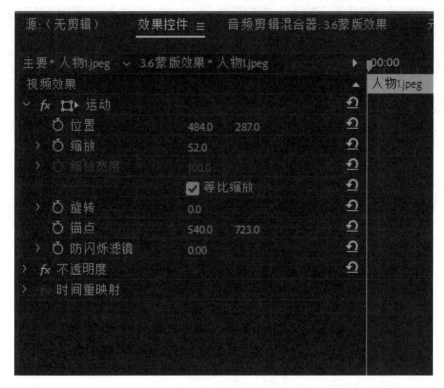

图 3.6.8　设置 "人物 1.jpg" 的【缩放】数值

（3）从【项目】窗口中，选择 "人物 2.jpg"，将其拖入时间线的视频 3 轨道中。将 "人物 2.jpg" 素材的起始时间设置于 2 秒处，并在【效果控制】下【运动】中设置【缩放】值为 47.0，如图 3.6.9 所示。

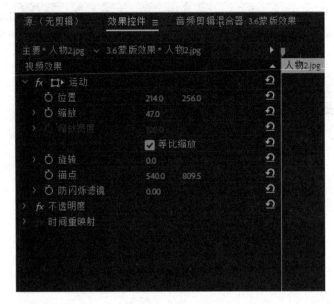

图 3.6.9 设置"人物 2.jpg"的【缩放】数值

（4）三个素材放入轨道后如图 3.6.10 所示。

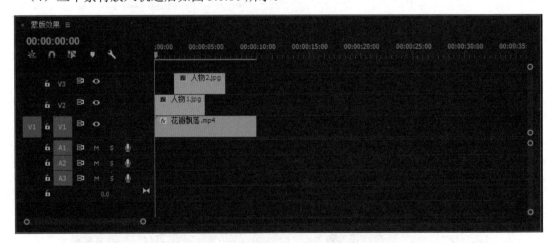

图 3.6.10 素材放入时间线中

5．应用蒙版效果

（1）选中轨道 2 中"人物 1"素材，在【效果控制】窗口选择【不透明度】效果下的钢笔工具 ，在【节目监视器】窗口对着画面上的人粗略抠出，如图 3.6.11 所示。

（2）设置在【不透明度】效果下的蒙版，设置【蒙版羽化】值为 93.0。

（3）设置轨道 2 中"人物 1"素材的【位置】动画，当时间为第 2 秒时，单击打开【位置】前的秒表 ，添加一个关键帧，将【位置】设置为（484.0，-354.0），当时间为第 4 秒时，将【位置】设置为（484.0，287.0），如图 3.6.12 所示。

图 3.6.11　对"人物 1"素材粗略抠图

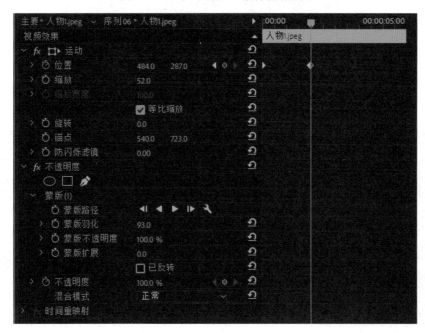

图 3.6.12　设置【蒙版】数值

6. 应用颜色键效果

（1）从【效果】窗口中打开【视频效果】下的【键控】，选择【颜色键】选项，将其拖曳至时间线的视频 3 轨道中的视频素材上。

（2）在【效果控制】窗口设置【颜色键】效果，应用【主要颜色】中的吸管工具将吸取"人物 2"的背景绿色，设置【颜色容差】值为 80，【边缘细化】值为 5，【羽化边缘】值为 10.0。

（3）设置视频 3 轨道"人物 2"素材的【不透明度】动画，当时间为 0 秒时，单击打开【不透明度】前的秒表 添加一个关键帧，将【不透明度】设置为 0%，，当时间为 2 秒时，【不透明度】设置为 100%。如图 3.6.13 所示。

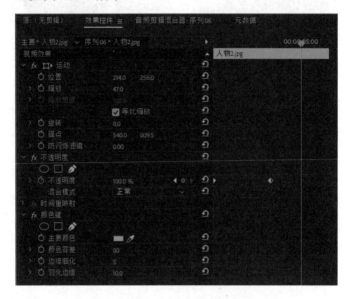

图 3.6.13　设置【位置】动画

7. 剪辑

将视频 2 轨道上的"人物 1.jpg"素材的时间延长至与视频 3 轨道中的"人物 2.jpg"素材一致，如图 3.6.14 所示。

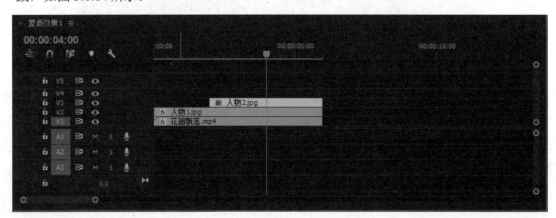

图 3.6.14　将三个轨道进行剪辑

8．输出编辑结果

输出编辑结果，生成"蒙版效果"影片。

知识拓展

在【键控】类视频效果中存在有蒙版效果的特效，它们包括如下。

【图像遮罩键】是在画面亮度值的基础上通过遮罩图像，屏蔽后面的素材图像。

【移除遮罩】用于去除一个透明通道导入的影片或者某些透明通道的光晕效果。

 ## 举一反三

新建一个项目文件，导入素材文件，使用知识拓展中的【轨道蒙版键】效果，制作出相框效果的视频，如图 3.6.15 所示，制作"相框视频"影片。

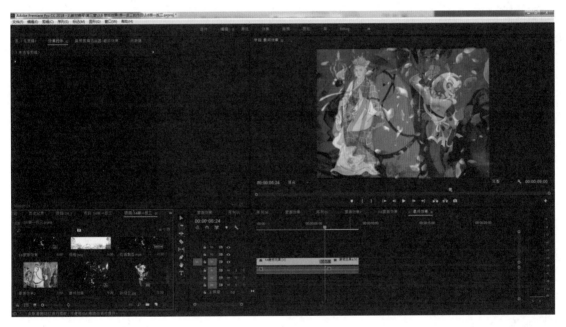

图 3.6.15　"相框视频"影片制作

第 4 章

音频效果应用

4.1　音频剪辑

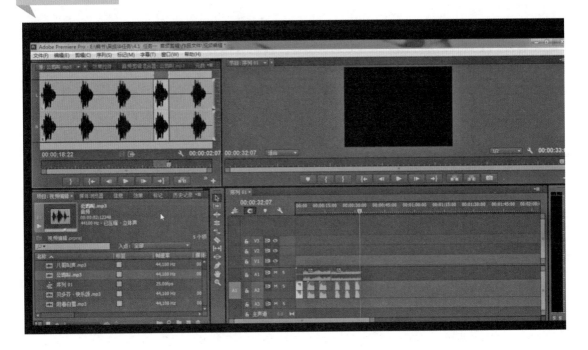

　　本任务利用 Premiere CC 提供的操作工具设置音频单位，利用基本编辑擦操作剪辑视频，利用音频转场实现音频的过渡，合成一段音频。

知识点学习

1. 音频单位的设置方法

在默认情况下，音频是以视频单位（秒帧）来显示的。实际上，音频有自己的单位，即音频采样率（赫兹）。音频单位的显示方法是在时间线的右上角单击 ▼ 按钮，在打开的菜单中勾选【显示音频时间单位】。

2. 音频的简单剪辑方法

音频的剪辑通过复制、粘贴、删除、波纹删除等操作，比较重要的方法是：三点编辑方法和四点编辑方法。

3. 音频转场的设置方法

音频转场比视频转场添加的方法简单，只有"交叉淡化"下的"恒定功率""恒定增益""指数淡化"三个音频转场。在【效果】中展开【音频过渡】下的【交叉淡化】，选择转场，将其拖至时间线窗口制定位置。

自主实践

新建项目文件。启动 Premiere CC，单击【开始】|【新建项目】命令，弹出【新建项目】对话框。在【新建项目】对话框的【名称】栏中输入"音频剪辑"，在【位置】栏中选择存储位置，单击【确定】按钮，进入 Premiere CC 编辑界面。

建立时间序列。单击【文件】|【新建】|【序列】命令或按组合键【Ctrl+N】，打开【新建序列】对话框，在【可用预设】列表中选择国内电视制式通用的 DV-PAL|【标准 48kHz】，单击【确定】按钮，建立时间序列。

导入素材文件。单击【文件】|【导入】命令导入素材，在弹出的【导入】对话框中，选择"八哥叫声.mp3""贝多芬-快乐颂.mp3""公鸡叫.mp3""阳春白雪.mp3"四个音频素材文件，将其导入素材窗口中。

可以分别双击这几个音频素材，在【源监视器】窗口中将其打开，预听其声音内容，如图 4.1.1 所示。导入音频素材后如图 4.1.2 所示。

将"阳春白雪.mp3"拖曳到【时间轴】面板的音频轨道 A1 中，将"八哥叫声.mp3"拖曳到【时间轴】面板的音频轨道 A2 中，如图 4.1.3 所示。

在【时间轴】面板按空格键播放，可以同时听到音频轨道 A1 中的"阳春白雪.mp3"和音频轨道 A2 中的"八哥叫声.mp3"的声音。"八哥叫声.mp3"声音的长度以当前视频的单位显示为 21 秒 05 帧，以音频单位显示为 21.09600。音频单位的显示方法是在时间线的右上角单击 ▼ 按钮，打开菜单后勾选【显示音频时间单位】复选框，如图 4.1.4 所示。

此时的音频单位为音频采样率，因为当前音频为 48 千赫兹，即 1 秒由 48000 个最小单位组成，所以比视频单位中的 1 秒由 25 个最小单位组成更为精确。按【=】键将时间放到最大，可以看到时间从 0：47999 向右移动一个单位即 1 秒，如图 4.1.5 所示。

图 4.1.1　导入音频素材

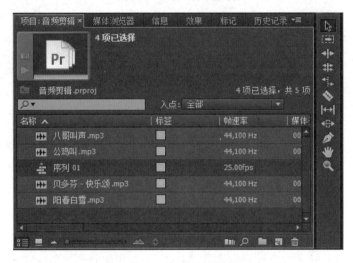

图 4.1.2　导入音频素材后

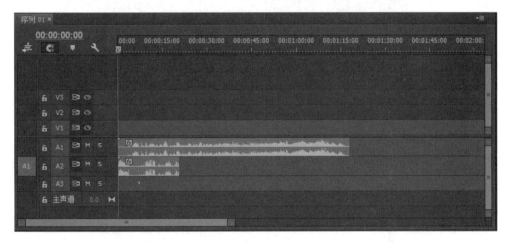

图 4.1.3　放置音频素材

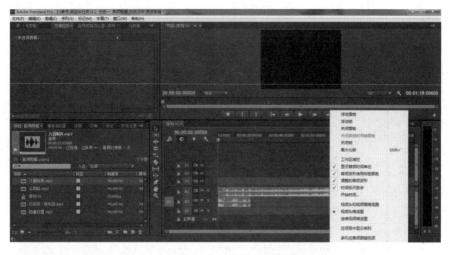

图 4.1.4　选择音频采样率单位显示

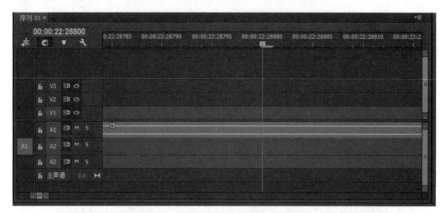

图 4.1.5　放大到最大显示最小单位

这里不需要对音频进行过于精细的编辑，所以可以在【时间轴】面板的右上角单击 按钮，打开菜单后不勾选【显示音频时间单位】，以帧为最小单位来进行剪辑。

将【时间轴】面板的播放指针移至 3 秒 20 帧处，将"阳春白雪.mp3"和"八哥叫声.mp3"两段音频都剪切开（按组合键【Ctrl+K】），准备使用"八哥叫声.mp3"音频的第一部分，如图 4.1.6 所示。

图 4.1.6　音频分割

选择音频轨道 A2 第二段视频，按【Delete】键删除，如图 4.1.7 所示。

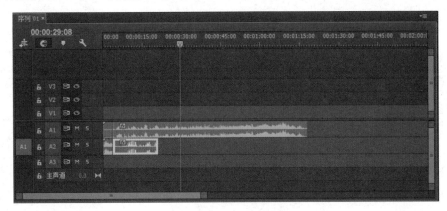

图 4.1.7　删除音频后的轨道 A2

选择音频轨道 A1，将时间播放指针移至 1 分 8 秒 05 帧处，用工具箱 按钮裁剪后，按
【Delete】键删除后面部分的视频，如图 4.1.8 所示。

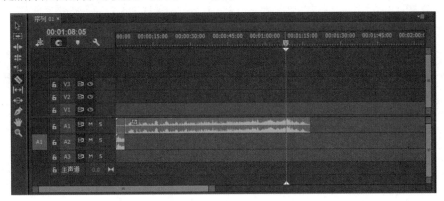

图 4.1.8　将时间播放指针移动至指定位置 1

选择音频轨道 A1，将时间播放指针移至 54 秒 0.0 帧处，如图 4.1.9 所示。用工具箱 按
钮裁剪后，选择中间视频，右击，在弹出的菜单中选择【波纹删除】选项，同时后面的部分会
自动连接到第一段之后，如图 4.1.10 所示。

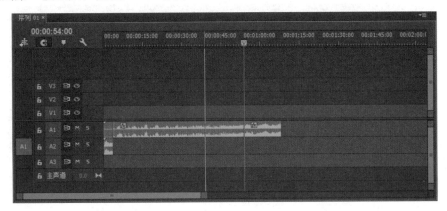

图 4.1.9　将时间播放指针移动至指定位置 2

图 4.1.10　波纹删除

将【项目】面板素材"贝多芬-快乐颂.mp3"拖曳到【时间轴】面板音频轨道 A1，放在"阳春白雪.mp3"第二段视频的后面，如图 4.1.11 所示。

图 4.1.11　将素材"贝多芬-快乐颂.mp3"拖入时间轴

选择音频轨道 A2，单击"八哥叫声.mp3"文件，按组合键【Ctrl＋C】复制，将时间播放指针至尾部的第 6 秒 0.0 帧处，按组合键【Ctrl＋V】粘贴此文件，将时间播放指针移至尾部的第 12 秒 0.0 帧处，按组合键【Ctrl＋V】再粘贴此文件，如图 4.1.12 所示。

图 4.1.12　在序列上复制、粘贴素材

从【项目】面板中双击"水声.mp3",将其在【源监视器】窗口预览窗口中打开,查看其波形显示并监听播放的声音,如图 4.1.13 所示。

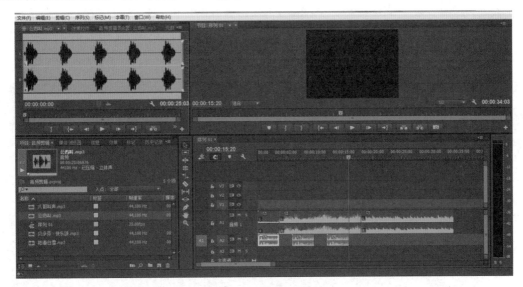

图 4.1.13　在源窗口查看素材

在【源监视器】窗口中将时间播放指针至第 16 秒 16 帧处,单击 按钮(或按快捷键为【I】)设置为入点,如图 4.1.14 所示。

图 4.1.14　在源素材窗口指定入点

在【源监视器】窗口中将时间播放指针移至第 18 秒 22 帧处,单击 按钮(或按快捷键为【O】)设置为出点,如图 4.1.15 所示。

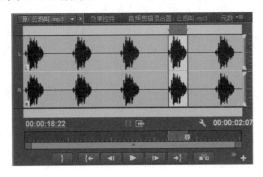

图 4.1.15　在源素材窗口指定出点

在【时间轴】面板中选择音频轨道 A2，使其处于高亮状态，将时间播放指针移至第 20 秒 00 帧处，在【源监视器】窗口中单击 ▣ 按钮，将其添加到时间线的音频轨道 A2 中的第 20 秒 00 帧处。同样，将时间播放指针分别移至第 25 秒 0.0 帧和第 30 秒 0.0 帧处，在【源监视器】窗口中单击 ▣ 按钮，将其分别添加到【时间轴】面板音频轨道 A2 中的第 25 秒 0.0 帧和第 30 秒 0.0 帧处。如图 4.1.16 所示。

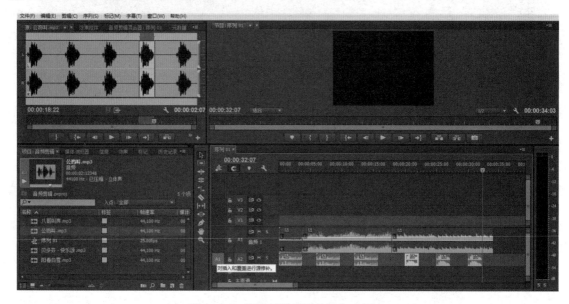

图 4.1.16　将素材覆盖插入指定时间点

"阳春白雪.mp3" 的前奏部分与高潮部分之间因为被剪掉一部分，所以连接处的音频变化不太连贯，可以在两段音频之间添加一个音频转场。音频转场比视频转场添加方法要简单，只有"交叉淡化"下的"恒定功率""恒定增益""指数淡化"三个音频转场。在【效果】中展开【音频过渡】下的【交叉淡化】，选择【恒定功率】选项，将其拖曳至时间线窗口"阳春白雪.mp3"被剪切开的位置，添加【恒定功率】转场。可以先暂时关闭其他音频轨道来试听效果，如图 4.1.17 所示。

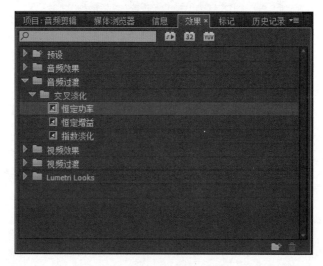

图 4.1.17　添加【恒定功率】转场

在【效果控件】窗口中，将持续时间的值设置为 2 秒，将对齐设置为"起点切入"，播放并试听音频转场的声音效果，前奏和旋律变得连贯了，如图 4.1.18 所示。

图 4.1.18　查看【恒定功率】转场

"阳春白雪.mp3"的高潮部分与"贝多芬-快乐颂.mp3"是两个不同的曲目，所以连接处的音频变化不太连贯，可以在两段音频之间添加一个音频转场。在【效果】|【音频过渡】|【交叉淡化】|【恒定功率】转场左边的图标上有一个黄色的框，表示的是默认的音频转场方式。先在时间线上选择音频轨道 A1，确认音频轨道 A1 处于高亮状态，时间指示线位于"阳春白雪.mp3"的高潮部分与"贝多芬-快乐颂.mp3"的衔接处，单击【序列】|【应用音频过渡】命令，添加一个【恒定增益】转场到"轻音乐.mp3"的前奏部分与旋律连接处。如图 4.1.19 所示。

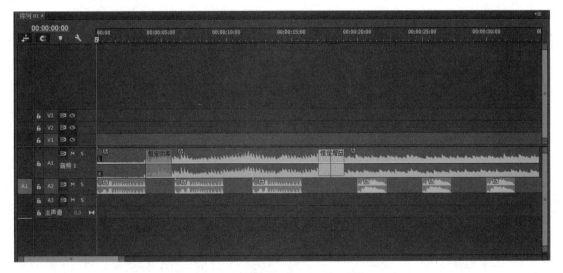

图 4.1.19　添加【恒定增益】转场

在【效果控件】窗口中可以看到这个音频转场的图示为前一部分音频曲线形状逐渐减弱，后一部分音频曲线形状逐渐增强，如图 4.1.20 所示。

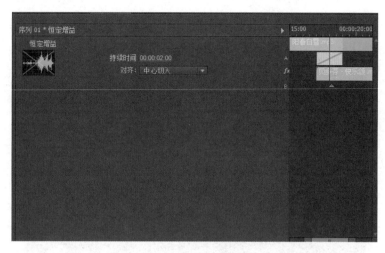

图 4.1.20　查看【恒定增益】转场

 举一反三

新建一个项目文件，导入音频素材文件，使用本任务中的方法，进行剪辑和合成。

4.2　声音变调变速

任务展示

任务分析

本任务利用【音频效果】中 PitchShifter 实现音调变换功能；利用【速度/持续时间】功能实现音频的速度/持续时间特效功能；利用【音频效果】中的【平衡】实现左右声道的调节功能；利用【音频效果】中的【声道音量】实现声道音量特效控制功能。

知识点学习

1．音调变换特效的操作方法

从【效果】中展开【音频效果】，从中选择 PitchShifter 效果，将其拖曳至【时间轴】面板中的音频轨道上，为该音频轨道上的音频添加一个音调变换特效。

2．速度/持续时间长度特效的操作方法

选择音轨，单击【剪辑】|【速度/持续时间】命令，打开【剪辑速度/持续时间】对话框后设置速度。

3．声道音量特效控制的操作方法

从【效果】中展开【音频效果】，选择【声道音量】选项并将其拖曳至【时间轴】面板的音频轨道上，为该音频轨道上的音频添加一个声道音量特效。

自主实践

新建项目文件。启动 Premiere CC，单击【开始】|【新建项目】命令，弹出【新建项目】对话框。在【新建项目】对话框的【名称】栏中输入"声音变调变速"，在【位置】栏中选择存储位置，单击【确定】按钮，进入 Premiere CC 编辑界面。

建立时间序列。单击【文件】|【新建】|【序列】命令或按快捷键【Ctrl+N】，打开【新建序列】对话框，在【可用预设】列表中选择国内电视制式通用的 DV-PAL|【标准 48kHz】，单击【确定】按钮，建立时间序列 01。

导入素材文件。单击【文件】|【导入】命令导入素材，在弹出的【导入】对话框中，选择"最炫民族风.mp4"，将其导入【项目】面板中。

双击"最炫民族风.mp4"，将其在【源监视器】窗口中打开，并按下画面中的 按钮，将其切换为【音频波形】状态，可以看到其两个声道音频的波形图，如图 4.2.1 所示。

将"最炫民族风.mp4"拖曳到【时间轴】面板时，会弹出如图 4.2.2 所示的【剪辑不匹配警告】对话框，选择【更改序列设置】选项可以重新设置。造成此问题的原因是：在创建项目建立序列 01 时，选择的是 DV-PAL【标准 48kHz】，改标准的帧大小为 720×576，而素材的帧大小为 1280×720，此情况下，应更改序列以适应素材。

在【时间轴】面板选择音频 A1，然后单击【剪辑】|【取消链接】命令，将视频和音频分离。

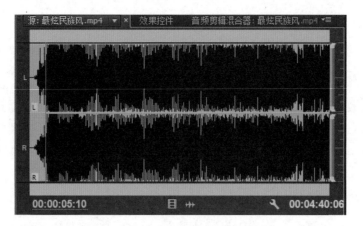

图 4.2.1　查看【音频波形】

从【效果】中展开【音频效果】，从中选择 PitchShifter 效果，将其拖曳至【时间轴】面板中音频轨道 A1 上，为其添加一个音调变换特效，如图 4.2.3 所示。

在【效果控件】中展开 PitchShifter 和其下的自定义设置，将 Pitch 下的旋钮向左旋转到 -5，勾选【Formant Preserve】。监听播放效果，"最炫民族风.mp4"的音调被降低，声音变得低沉，如图 4.2.4 所示。

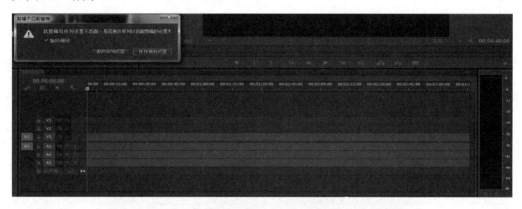

图 4.2.2　素材与序列不匹配

图 4.2.3　添加 PitchShifter

图 4.2.4　设置 PitchShifter

对于 PitchShifter 效果的主要设置有两个：Pitch 可以调节音调的高低，Formant Preserve 用来控制类似卡通声音效果和振鸣效果。可以将 Pitch 向右旋转到 5，并去掉【Formant Preserve】的勾选。监听播放效果，"最炫民族风.mp4"的音调被提高，配唱变得类似卡通声音的效果。

单击【文件】|【新建】|【序列】命令，新建一个序列 02 时间线，将【项目】面板中的"最炫民族风.mp4" 拖曳序列 02 的【时间轴】面板中，在序列 02 的【时间轴】面板中制作声音的变速效果。

选中【时间轴】面板中的"最炫民族风.mp4"，单击【剪辑】|【速度/持续时间】命令，打开【剪辑速度/持续时间】对话框，将【速度】设置为 80%，单击【确定】按钮，监听播放效果，"最炫民族风.mp4"的视频和音频的速度都变慢了，同时音调被降低，配唱变得缓慢和低沉。如图 4.2.5 所示。

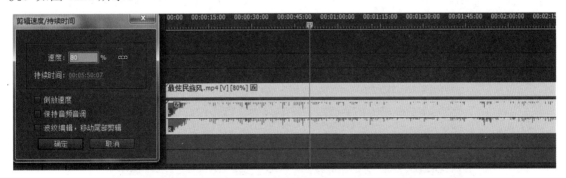

图 4.2.5　降低音速

选中【时间轴】面板中的"最炫民族风.mp4"，单击【剪辑】|【速度/持续时间】命令，打开【剪辑速度/持续时间】对话框，将【速度】设置为 120%，单击【确定】按钮，监听播放效果，"最炫民族风.mp4"的视频和音频的速度都变快了，同时音调被提高，配唱语速变快，声音变尖。如图 4.2.6 所示。

还可以对变速选项进行修改，使得在音频被改变速度时仍保持原有的音调。选中【时间轴】面板的"最炫民族风.mp4"，单击【素材】|【剪辑速度/持续时间】命令，打开【剪辑速度/持续时间】对话框，将【速度】设置为 120%，勾选【保持音频音调】，单击【确定】按钮，监听播放效果，"最炫民族风.mp4"的视频和音频的速度都变快，配唱语速变快，但声音的音调不变。如图 4.2.7 所示。

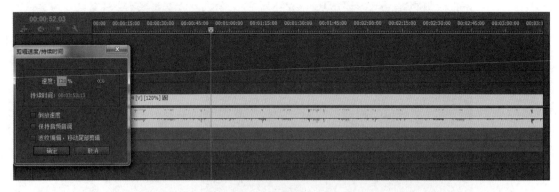

图 4.2.6　提高音速

图 4.2.7　提高音速，保持音调

单击【文件】|【新建】|【序列】命令，新建一个序列 02，将【项目】面板中的"最炫民族风.mp4"拖曳到序列 02 的【时间轴】面板，在序列 02 的时间线中制作声音的变速效果。

【平衡】特效可以控制声音在左右声道之间的偏移。选择【时间轴】面板上音频轨道 A1。从【效果】中展开【音频效果】，选择【平衡】选项，将其拖曳至【时间轴】面板的音频轨道 A1 上，为其添加一个平衡变换特效。如图 4.2.8 所示。

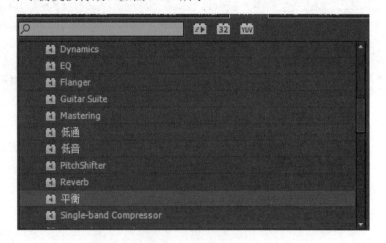

图 4.2.8　添加【平衡】

在【效果控件】中的【音频效果】下展开【平衡】，调整数值滑块为 95.0，如图 4.2.9 所示。

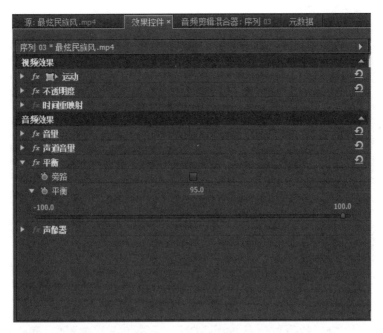

图 4.2.9　设置【平衡】

监听【时间轴】面板上音频效果，可以发现右声道声音较大，左声道声音较小。从音量指示中也可以查看效果，如图 4.2.10 所示。

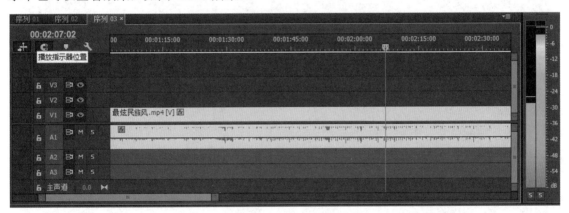

图 4.2.10　监听设置结果

【平衡】特效可以控制声音在左右声道之间的偏移，而【声道音量】特效可以分别调整左右声道的音量。【时间轴】面板选择音频轨道 A1，在【效果控件】窗口中单击【平衡】前面的 *fx* 按钮，将其关闭。从【效果】窗口中展开【音频特效】，从中选择【声道音量】将其拖曳至时间线中的音频轨道 A1 上，如图 4.2.11 所示。

在【效果控件】中的【音频效果】下展开【声道音量】和其下的数值滑块，播放这段音频，并同时调整数值滑块，监听相应声道的音量变化，从音量指示中也可以查看结果。如图 4.2.12 所示。

图 4.2.11　添加【声道音量】

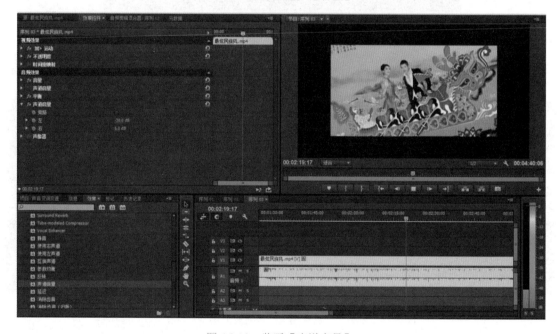

图 4.2.12　监听【声道音量】

 举一反三

新建一个项目文件，导入素材文件，使用本任务中方法，分别对音调变换特效、速度/持续时间长度特效、声道音量特效、平衡特效等操作进行练习。

4.3 音频特效

任务分析

本任务通过混响效果、延迟效果、多重延迟效果、重音效果、多频段压缩效果等进行操作实现音频特效的学习。视频画面中可以添加各种视频效果，同样的音频也有多种效果，**虽然**音频效果没有视频效果那么直观，但是通过监听声音效果和查看参数的变化，也可以找出其变化规律。

知识点学习

1. 混响特效的操作方法

从【效果】窗口中展开【音频效果】，选择【Reverb（混响）】选项，将其拖曳至时间线中的音频轨道上，为其添加【Reverb】效果。其参数的含义如下。

- Pre Delay（预延迟）：模拟声音撞击到墙面再反弹所用的时间；
- Absorption（吸收）：声音的吸收率；
- Size（大小）：模拟空间的大小，值越大空间越大；
- Density（密度）：混响尾音的密度；
- Mix（混音）：声音中混响的混合度。

2．延迟特效的操作方法

从【效果】窗口中展开【音频效果】，选择【延迟】选项，将其拖曳至时间线中的音频轨道上，为其添加【延迟】效果。其参数的含义如下。

- 延迟：延迟效果的出现与原来声音之间所间隔的秒数；
- 反馈：反馈到一系列延迟效果的百分比数值；
- 混音：效果声音的混合比。

3．多重延迟特效的操作方法

从【效果】窗口中展开【音频效果】，选择【多功能延迟】选项，将其拖曳至【时间轴】面板中的音频轨道上，为其添加【多功能延迟】效果。其参数含义如下。

- 延迟：延迟效果的出现与原来声音之间所间隔的秒数；
- 反馈：反馈到一系列延迟效果的百分比数值；
- 级别：延迟声音的音量大小。延迟 1 至延迟 4 设置延迟依次出现的时间。

4．重音特效的操作方法

从【效果】窗口中展开【音频效果】，选择【低音】选项，将其拖曳至时间线中的音频轨道上，为其添加【重音】效果。它只有一个参数【提升】，该数值增大是加大重音的意思。

5．多频段压缩特效的操作方法

从【效果】窗口中展开【音频效果】，选择【多频段压缩器】选项，将其拖曳至时间线中的音频轨道上，为其添加一个多频段压缩效果。该特效参数特别多，只需掌握利用预设设置出多种音频特效即可。

自主实践

新建项目文件。启动 Premiere CC，单击【开始】|【新建项目】命令，弹出【新建项目】对话框。在【新建项目】对话框的【名称】栏中输入"音频特效"，在【位置】栏中选择存储位置，单击【确定】按钮，进入 Premiere CC 编辑界面。

建立时间序列。单击【文件】|【新建】|【序列】命令或按组合键【Ctrl+N】，打开【新建序列】对话框，在【可用预设】列表中选择国内电视制式通用的 DV-PAL|【标准 48kHz】，单击【确定】按钮，建立时间序列。

单击【文件】|【导入】命令导入素材，在弹出的【导入】对话框中，选择"最炫民族风.mp4"文件，将其导入【项目】面板中。

双击"最炫民族风.mp4"，将其在【源监视器】窗口中打开，并且单击画面下的 按钮，将其切换为【音频波形】状态，可以看到其两个声道音频的波形图。

将"最炫民族风.mp4" 拖曳到【时间轴】面板中，弹出如图 4.2.2 所示的【剪辑不匹配警告】对话框，选择【更改序列设置】选项。造成此问题的原因是：在创建项目建立序列时，选择的是 DV-PAL 标准 48kHz，改标准的帧大小为 720×576，而素材帧的大小为 1280×720，在这里，更改序列以适应素材，如图 4.3.1 所示。

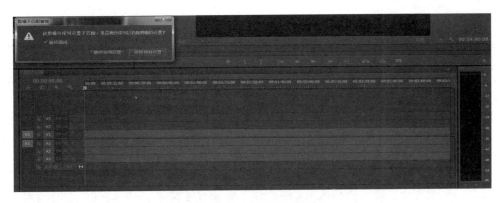

图 4.3.1　更改序列设置

从【效果】窗口中展开【音频效果】，选择【Reverb】选项，将其拖曳至【时间轴】面板中的音频轨道 A1 上，为其添加一个混响效果，如图 4.3.2 所示。

图 4.3.2　添加【Reverb】

在【时间轴】面板中选择"最炫民族风.mp4"，在【特效控制台】窗口中展开【Reverb】下的【自定义设置】，将【Pre Delay】旋钮旋转至最右端为 100.00ms，将【Absorption】旋钮旋转至最左端为 0.00%，将【Mix】旋钮旋转至最右端为 100.00%。监听播放效果，声音有了明显的混响效果，如图 4.3.3 所示。

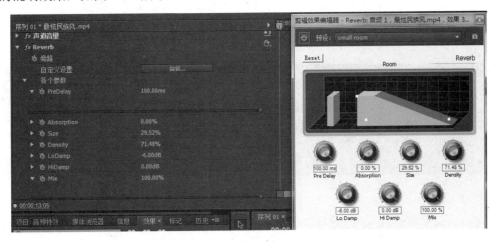

图 4.3.3　设置【Reverb】

8.在【时间轴】面板中选择"最炫民族风.mp4"，在【效果控件】窗口中单击【Reverb】前面的 _fx_ 按钮，将其关闭。从【效果】窗口中展开【音频效果】，选择【延迟】选项，将其拖曳至【时间轴】面板中的音频轨道 A1 上，为其添加一个延迟效果，如图 4.3.4 所示。

图 4.3.4　添加【延迟】

在【时间轴】面板中选择"最炫民族风.mp4"，在【效果控件】窗口中展开【延迟】查看其设置，在默认的设置下，监听播放效果，声音有了明显的延迟效果。默认的延迟时间为 1 秒，这里将其减小至 0.200 秒，监听播放效果，如图 4.3.5 所示。

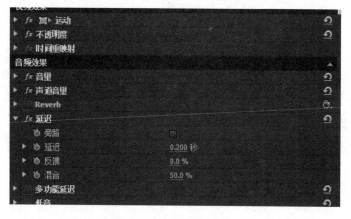

图 4.3.5　设置【延迟】

在【时间轴】面板中选择"最炫民族风.mp4"，在【效果控件】窗口中单击【延迟】前面的 按钮，将其关闭。从【效果】窗口中展开【音频效果】，选择【多功能延迟】选项，将其拖曳至时间线中的音频轨道 A1 上，为其添加一个参数项目更多的多功能延迟效果，如图 4.3.6 所示。

图 4.3.6　添加【多功能延迟】

在【时间轴】面板中选择"最炫民族风.mp4"，在【效果控件】窗口中展开【多功能延迟】查看其设置，在默认的设置下，监听播放效果。这里将【延迟 1】更改为 0.200 秒，【延迟 2】更改为 0.400 秒，【延迟 3】更改为 0.600 秒，【延迟 4】更改为 0.800 秒，监听播放效果，如图 4.3.7 所示。

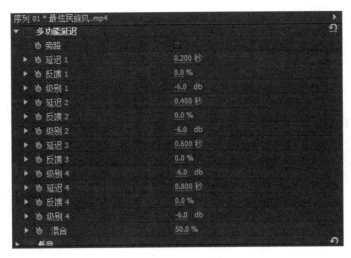

图 4.3.7　设置【多重延迟】

在【时间轴】面板中选择"最炫民族风.mp4"，在【效果控件】窗口中单击【多功能延迟】前面的 _fx_ 按钮，将其关闭。从【效果】窗口中展开【音频效果】，从中选择【低音】，将其拖至时间线中的音频轨道 A1 上，为其添加一个低音效果，如图 4.3.8 所示。

图 4.3.8　添加【低音】

在【时间轴】面板中选择"最炫民族风.mp4"文件，在【效果控件】窗口中展开【低音】和其下的【提升】数值滑块，在默认的设置下，监听播放效果。将数值滑块移至 14.3dB，监听播放效果，如图 4.3.9 所示。

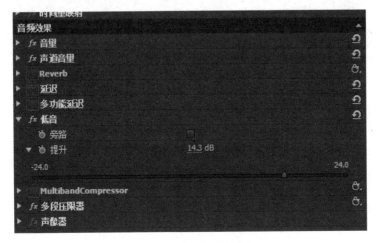

图 4.3.9　设置【低音】

在【时间轴】面板中选择"最炫民族风.mp4"文件，在【效果控件】窗口中单击【低音】前面的 fx 按钮，将其关闭。从【效果】窗口中展开【音频效果】，选择【多频段压缩器】选项，将其拖曳至时间线中的音频轨道 A1 上，为其添加一个多频段压缩效果，如图 4.3.10 所示。

图 4.3.10　添加【多频段压缩器】

多频段压缩器的参数较多，不需要一一掌握，只需掌握如何选择预设效果。单击【自定义设置】中的 编辑... 按钮，在弹出的菜单中可以选择多种预设效果，如选择【玩具】，监听播放效果。利用预设可以设置出多种音频特效，如图 4.3.11 所示。

图 4.3.11　设置【多频段压缩器】

 举一反三

新建一个项目文件，导入素材文件，使用本任务中的方法，分别对混响特效、延迟特效、多重延迟特效、重音特效、多频段压缩特效等操作进行练习。

4.4 音轨混合器的简单使用

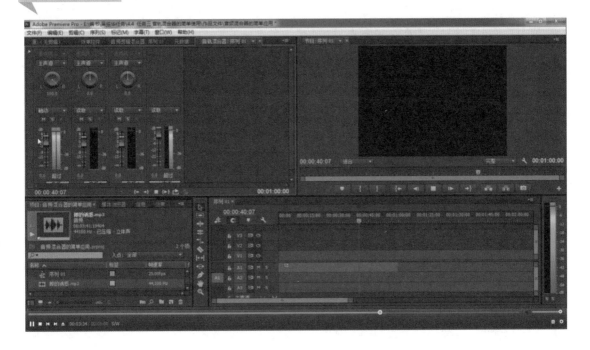

任务分析

本任务利用音轨混合器实现主轨道声音大小、左右声道、静音、独奏，多轨道混合等动态调节，并且利用音轨混合器实现录音功能。

知识点学习

1. 利用音轨混合器调音

利用音轨混合器的 按钮调节左右声道的平衡，按钮动态调节静音，按钮实现独奏，滑动 按钮动态调整音量。

2. 利用音轨混合器录音

当硬件齐全并设置好参数后，只需利用音轨混合器 按钮、按钮、按钮、按钮实现录音。

自主实践

新建项目文件。启动 Premiere CC，单击【开始】|【新建项目】命令，弹出【新建项目】

对话框。在【新建项目】对话框的【名称】栏中输入"音轨混合器的简单使用"，在【位置】栏中选择存储位置，单击【确定】按钮，进入 Premiere CC 编辑界面。

建立时间序列。单击【文件】|【新建】|【序列】或按组合键【Ctrl+N】，打开【新建序列】对话框，在【可用预设】列表中选择国内电视制式通用的 DV-PAL|【标准 48kHz】，单击【确定】按钮，建立时间序列。

单击【文件】|【导入】命令导入素材，在弹出的【导入】对话框中，选择"精忠报国.mp3"文件，将其导入【项目】面板中，如图 4.4.1 所示。

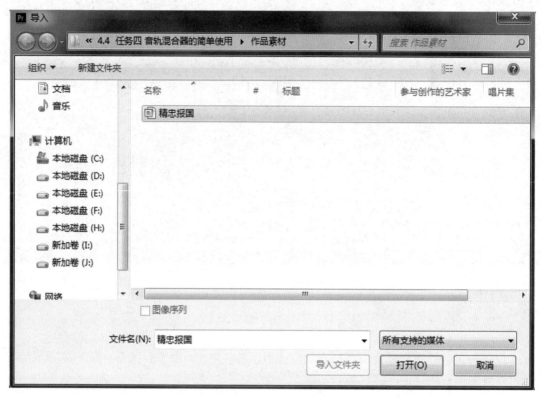

图 4.4.1　导入素材

调出音轨混合器窗口。单击【窗口】|【音轨混合器】命令，如图 4.4.2 所示。

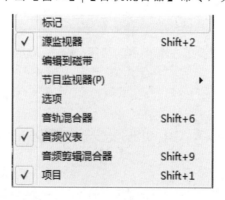

图 4.4.2　调出【音轨混合器】窗口

将"精忠报国.mp3"拖曳至【时间轴】面板中，播放该音频，查看音轨混合器窗口，如图 4.4.3 所示。可以观察到，音频 1 与主声道柱体一样，实际上，主声道是各个音频轨道的叠加。

图 4.4.3　音轨混合器

在【音轨混合器】窗口中，将音频 1【左右声道平衡】旋转钮设置为 100.0，将音频 1 下拉选择框 读取 设置为写入，如图 4.4.4 所示。

图 4.4.4　音频 1【左右声道平衡】设置

【时间轴】面板上的"精忠报国.mp3"，监听播放效果，可以发现只有右声道有声音，主声道只有右声道显示柱体跳动，如图 4.4.5 所示。

图 4.4.5　声道平衡调节

在【时间轴】面板上将时间播放指针移至第 0 秒处，在【音轨混合器】窗口中，将音频 1 下拉选择框 读取 设置为写入，播放时间序列上的"精忠报国.mp3"，同时上下缓慢地拖曳 【音轨混合器】音频 1 上的音量大小滑块，监听声音播放效果，发现音频的音量随着上下波动 而跳跃，如图 4.4.6 所示。

图 4.4.6　调动音量大小滑块

在【时间轴】面板上将时间播放指针移至第 0 秒处，在【音轨混合器】窗口中，将音频 1 下拉选择框 读取 设置为写入，播放时间序列上的"精忠报国.mp3"，同时单击按钮 M 时发现音频会静音。按钮 S 的功能是当多个音频轨道都有音频时，独奏该音频轨道，如图 4.4.7 所示。

图 4.4.7 设置静音

在【时间轴】面板上将时间播放指针移至第 0 秒处，从头播放"精忠报国.mp3"音频，会发现前面对音频 1 的操作，都会在对应点执行操作结果。

在进行录音之前，必须先对麦克风进行设置。在 Windows 屏幕右下角的音量指示器上 右击，在弹出的菜单中单击【录音设备】命令，然后打开【声音】对话框，再选择【录制】|【麦克风】选项，单击【属性】打开【属性】窗口。如图 4.4.8 所示。

在菜单栏单击【编辑】|【首选项】|【音频硬件】命令，打开【首选项】窗口，如图 4.4.9 所示。

在【音频硬件】窗口中单击 ASIO 设置 按钮，打开【音频硬件设置】窗口，单击【输入】按钮，勾选【麦克风】复选框，单击【确定】按钮，如图 4.4.10 所示。

连接好麦克风并打开，将时间播放指针拖曳至"精忠报国.mp3"结束位置，在【音轨混合器】窗口中先单击音频 2 下的"激活录制轨道"按钮 R，然后单击"录制"按钮 ，再单击"播放"按钮 进行播放，这样就可以录音了。录音结束后再次单击"停止"按钮 或"录制"按钮 停止录音，并在【项目】面板中自动添加刚录制的声音文件"音频 2.wav"，如图 4.4.11 所示。

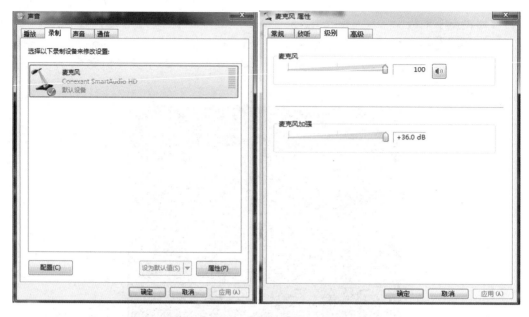

图 4.4.8　打开【麦克风属性】并设置

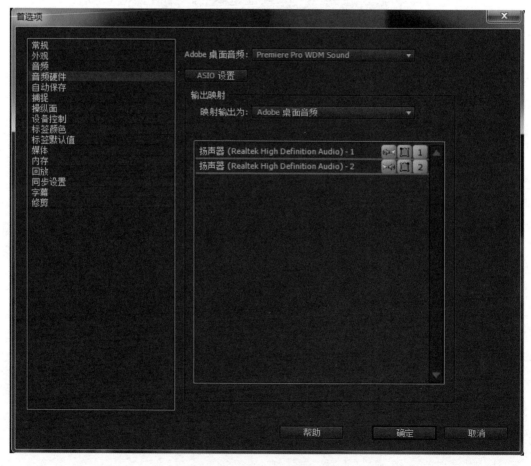

图 4.4.9　打开【音频硬件】窗口

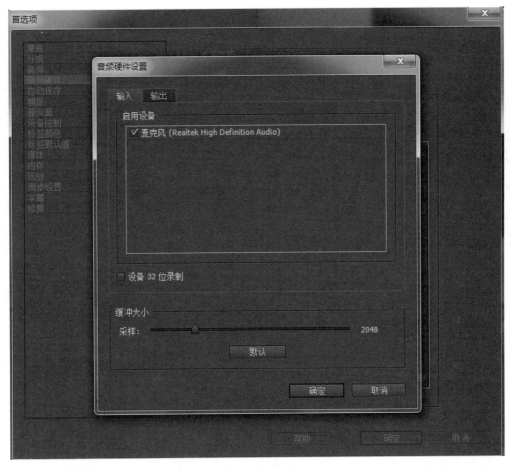

图 4.4.10　设置【音频硬件设置】

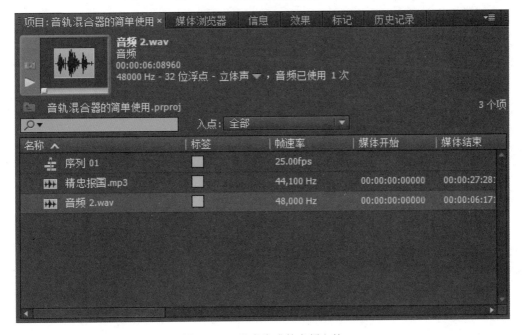

图 4.4.11　录音生成的音频文件

同时在【时间轴】面板的轨道 A2 中的"精忠报国.mp3"结束位置，自动放置了刚录制的声音文件音频"音频 2.wav"，如图 4.4.12 所示。

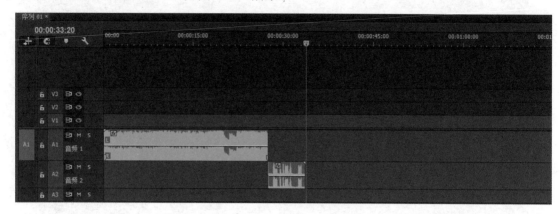

图 4.4.12　时间线上的录音文件

举一反三

新建一个项目文件，导入音频素材文件，使用本任务中的方法，分别对音轨混合器调音和音轨混合器录音等操作进行练习。

第 5 章

视频字幕制作

5.1 简单字幕

任务展示

任务分析

本任务将在儿歌动画《两只老虎》上建立与声音相对应的字幕。通过本任务可以掌握字幕功能的简单操作，了解字幕窗口的各部分内容，能够使用字幕建立简单的静态文字，包括对文字进行字体、大小、位置、样式的设置，以及基于当前字幕为基础建立新的字幕。

知识点学习

1. 新建字幕的四种方法

（1）按键盘上的组合键【Ctrl+T】。
（2）在项目面板中右击执行【新建项目】|【标题】命令。
（3）单击【文件】|【新建】|【标题】命令。

（4）单击【字幕】|【新建字幕】|【默认静态字幕】命令。

在选择【字幕】命令后，弹出一个对话框，输入字幕名称后，单击【确定】按钮打开字幕面板。

2. 字幕面板

字幕面板由工具栏、字符主面板、样式面板和属性面板四部分构成，如图 5.1.1 所示。

图 5.1.1　字幕面板

（1）工具栏

- 选择工具 ：用于选择目标对象。
- 旋转工具 ：用于旋转目标对象。
- 文字工具 ：用于创建水平字幕。
- 垂直文字工具 ：用于创建垂直字幕。
- 区域文字工具 ：用于创建水平段落字幕。在要产生段落的位置按下鼠标左键拖曳出一个选区，然后在区域内输入文本。
- 垂直区域文字工具 ：用于创建垂直段落字幕。使用方法同上，产生的段落是垂直的。
- 路径文本工具 ：选择此工具后，当鼠标移到屏幕上时会自动变成钢笔工具，先将文字的路径勾出，然后再输入文本，文字垂直于路径。
- 垂直路径文本工具 ：使用方法同上，输入的文字平行于路径。
- 钢笔工具 ：用于创建自定义图形。
- 添加锚点工具 ：用于增加路径上的节点。
- 删除锚点工具 ：用于删除路径上的节点。

- 转换锚点工具 ：节点分为直角节点、曲线节点，通过此工具可对节点进行转换。
- 矩形工具 ：用于创建矩形。
- 圆角矩形工具 ：用于创建圆形矩形。
- 切角矩形工具 ：创建出的矩形是被切掉四个直角的矩形（即八边形）。
- 圆形倒角矩形工具 ：创建四个直角圆滑处理过的矩形。
- 楔形工具 ：用于创建三角形。
- 弧形工具 ：用于创建弧形。
- 椭圆工具 ：用于创建椭圆形。
- 直线工具 ：用于创建线段。

（2）基于当前字幕新建字幕工具

利用该方式新建的字幕可以保留原有字幕的设置属性，只需要修改文字内容即可。

自主实践

新建项目文件，设置文件保存路径。

输入项目文件的名称"添加歌词"。

单击【文件】|【导入】命令导入素材，打开【导入】对话框，选择视频素材"两只老虎.mp4"文件，导入视频素材。

将视频素材"两只老虎.mp4"拖曳至【时间轴】面板中，Premiere CC 将自动创建一个"两只老虎"的序列。

将时间播放指针移动至 10 秒 08 帧的位置，单击【字幕】|【新建字幕】|【默认静态字幕】命令，如图 5.1.2 所示。

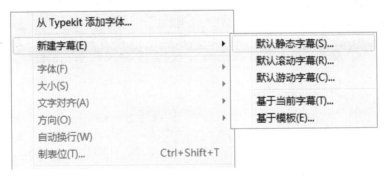

图 5.1.2　【新建字幕】菜单

提个醒

新建字幕也可以在【项目】面板中右击【新建项目】|【标题】命令。而从项目区【新建项目】|【字幕】时会出现四种类型可供选择：CEA-608、CEA-607、图文电视和开放式字幕。开放式字幕即为旧版字幕，其余三种为闭合字幕也称为隐藏字幕（Closed Caption）。所谓隐藏字幕，是北美和欧洲地区电视类节目传输的字幕标准，需要播放设备控制才能显示出来，而且对中文字体不支持，因为它不是中国地区的标准。

建议大家从菜单栏单击【字幕】|【新建字幕】|【默认静态字幕】命令来创建字幕。

在弹出的【新建字幕】窗口中的名称处输入：两只老虎，单击【确定】按钮。

在弹出的【字幕】窗口中，单击左边的文字工具按钮 T，在【字幕】中间单击，出现闪动光标，输入第一句歌词"两只老虎"。用选择工具 ▶ 选择文字，在右边的属性栏中将【字体系列】选择"微软雅黑"；【字体样式】选择"加粗"；【字体大小】设置为 24.0；【外描边】选择"添加"；外描边的【类型】为"边缘"，【大小】为25.0，如图 5.1.3 所示。

图 5.1.3　设置字幕属性

为了把第一句歌词居中，可以先选择歌词，接着选择左边工具栏的中心下的水平居中 回，保证歌词水平居中，然后设置字幕属性的变换：Y 位置为 330.0，设置歌词位于屏幕下方，如图 5.1.4 所示。

单击【基于当前字幕新建字幕】按钮 回，在弹出的【新建字幕】窗口中的名称处输入"跑得快"，单击【确定】按钮。这时 Premiere CC 已经自动保存并关闭原字幕"两只老虎"，现在处于"跑得快"字幕的编辑状态，"跑得快"字幕是复制"两只老虎"字幕的，为了保持字幕风格的一致性，只需要修改文字即可，如图 5.1.5 所示。

单击左边的文字工具按钮 T，删除"两只老虎"的文字，重新输入"跑得快"，接着选择左边工具栏的中心下的水平居中 回 按钮，保证歌词水平居中，完成"跑得快"字幕的制作。下面继续单击【基于当前字幕新建字幕】按钮 回，在弹出的【新建字幕】窗口中的名称处输入"一只没有耳朵"，单击【确定】按钮。

按照上面同样的方法，分别基于当前字幕新建字幕创建另外两个字幕"一只没有尾巴"和"真奇怪"。至此，整个歌词的六个字幕都创建完毕，如图 5.1.6 所示。

图 5.1.4 歌词水平居中对齐操作

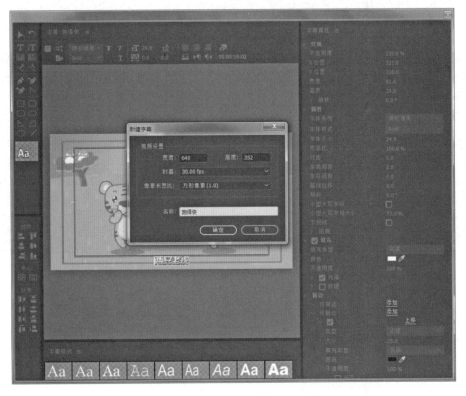

图 5.1.5 【基于当前字幕新建字幕】

图 5.1.6　创建六句歌词字幕

　　将时间播放指针移至第 10 秒 08 帧处，选择字幕"两只老虎"，放置在轨道 V2 上。将时间播放指针移至第 14 秒 10 帧处，设置"两只老虎"字幕的出点与时间指针重合，如图 5.1.7 所示。

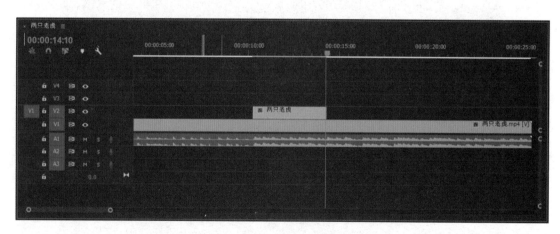

图 5.1.7　放置"两只老虎"字幕

　　将时间播放指针移至第 14 秒 10 帧处，选择字幕"跑得快"，放置在轨道 V2 上。设置"跑得快"字幕的出点为 17 秒 24 帧，如图 5.1.8 所示。

　　将时间播放指针移至第 17 秒 24 帧处，选择字幕"一只没有耳朵"，放置在轨道 V2 上。设置"一只没有耳朵"字幕的出点为 20 秒，如图 5.1.9 所示。

　　.将时间播放指针移至第 20 秒处，选择字幕"一只没有尾巴"，放置在轨道 V2 上。设置"一只没有尾巴"字幕的出点为 22 秒 01 帧，如图 5.1.10 所示。

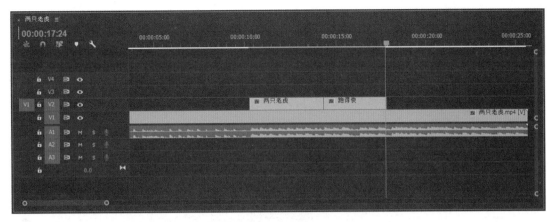

图 5.1.8　放置"跑得快"字幕

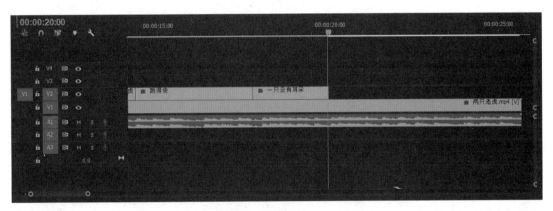

图 5.1.9　放置"一只没有耳朵"字幕

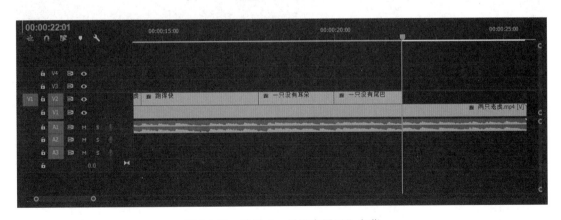

图 5.1.10　放置"一只没有尾巴"字幕

将时间播放指针移至第 22 秒 01 帧处，选择字幕"真奇怪"，放置在轨道 V2 上。设置"真奇怪"字幕的出点为 25 秒 15 帧，如图 5.1.11 所示。

选择"两只老虎"序列，单击【文件】|【导出】|【媒体】命令导出视频，弹出【导出设置】对话框，将视频【格式】设置为 H.264，在输出名称处设置保存导出视频的路径，勾选【导出视频】复选框和【导出音频】复选框。单击【导出】按钮，如图 5.1.12 所示。

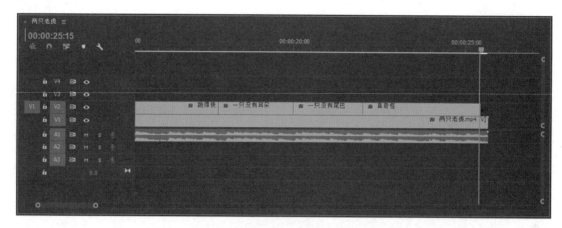

图 5.1.11 放置"真奇怪"字幕

图 5.1.12 【导出设置】

渲染输出最终效果，如图 5.1.13 所示。

图 5.1.13 最终效果图

举一反三

新建一个项目文件，使用本次任务的学习方法，建立一个字幕，内容为"春"，然后在其基础上建立其他三个字幕，并将字幕放置在时间线中，产生四季图片与文字变化的效果，如图 5.1.14 所示。

图 5.1.14　"春夏秋冬"影片制作

5.2　滚动字幕

任务展示

任务分析

本任务是通过设置"字幕属性"，调整"滚动/游动选项"，生成相应的字幕滚动效果，获得理想的字体显示效果。

知识点学习

1. 设置字幕属性

新建字幕或者双击已有的字幕，就可以看到字幕属性，如图 5.2.1 所示，通过设置字幕属性各项参数，可以灵活调整字幕显示的效果。比较常用的有字幕的字体、颜色、行距、字距等，还可以设置描边和阴影，制造字幕立体效果。

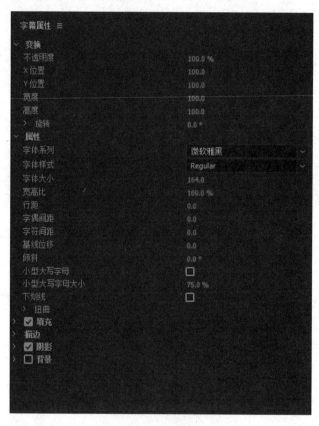

图 5.2.1 字幕属性

2. 滚动/游动选项

在【字幕属性】面板中单击 按钮，调出【滚动/游动选项】，如图 5.2.2 所示。【静止图像】表示字幕静止不动；【滚动】默认表示字幕从屏幕下方往上滚动，【向左滚动】表示字幕从右向左滚动，【向右滚动】表示字幕从左向右滚动。

在【定时】选项中，勾选【开始于屏幕外】复选框表示字幕从屏幕外滚入，不勾选此项表示字幕从最初静止的位置开始滚动，勾选【结束于屏幕外】复选框表示字幕最后滚出屏幕，不勾选此项表示字幕最后停止在作者所放的位置。"预卷"和"过卷"表示字幕停止不动的帧数，预卷在滚动之前，过卷在滚动之后。"缓入"和"缓出"也表示帧数，反映了缓入和缓出过程持续的时间。常用的影片速度是每秒 25 帧。如果缓入 50 帧，即表示缓入过程持续了 2 秒钟。

图 5.2.2 【滚动/游动选项】对话框

自主实践

新建项目文件。

输入新建项目文件的名称"滚动字幕"。

单击【文件】|【导入】命令导入素材，打开【导入】对话框，选择图片素材"球赛.jpg"，导入素材。

将"球赛.jpg"拖曳至【时间轴】面板中的轨道 V1 中，时间长度为 5 秒。

单击【字幕】|【新建字幕】|【默认滚动字幕】命令，打开【新建字幕】对话框，可以直接用默认的字幕名称"字幕 01"，单击【确定】按钮，如图 5.2.3 所示。

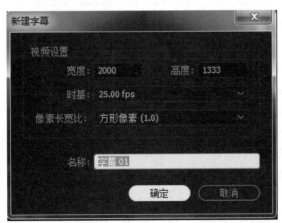

图 5.2.3 【新建字幕】对话框

用文字工具 T 输入字幕内容："校园篮球争霸赛 汽修班 VS 电商班 球星云集 巅峰对决 现在 开始"，设置中文字体，选择【微软雅黑】字体。如图 5.2.4 所示。

为了让字幕内容看得更加清楚，调整字幕文字的大小，如图 5.2.5 所示。

图 5.2.4 设置字幕字体为微软雅黑

图 5.2.5 调整字幕文字的大小

在【字幕属性】中添加外描边，使用默认参数，如图 5.2.6 所示。

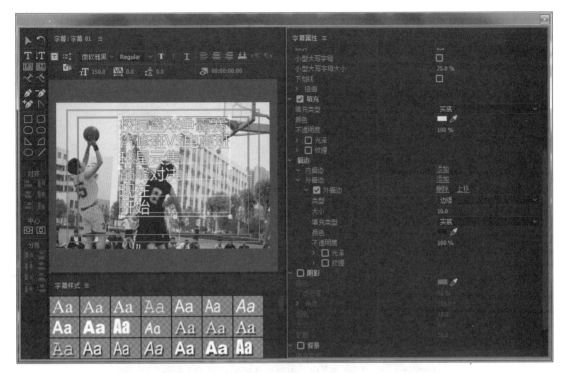

图 5.2.6　为字幕添加外描边

添加阴影，设置阴影颜色为橙色，如图 5.2.7 所示。

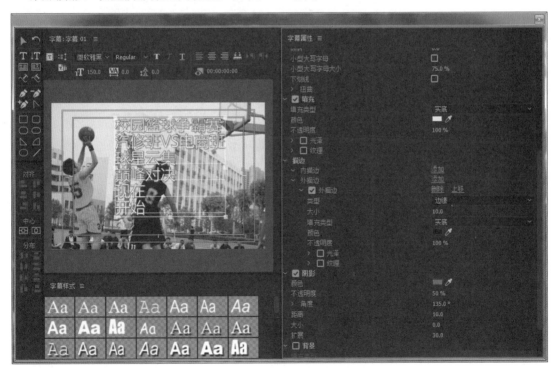

图 5.2.7　为字幕设置橙色阴影

用文字工具 T 选中"校园篮球争霸赛"，单独调大这一行文字，单击居中图标 ▦ 让整个字幕居中显示 如图 5.2.8 所示。

图 5.2.8　字幕居中显示

单击【滚动/游动选项】按钮 ▦，弹出【滚动/游动选项】对话框，选中【滚动】单选按钮勾选【开始于屏幕外】复选框和【结束于屏幕外】复选框，单击【确定】按钮，如图 5.2.9 所示。

图 5.2.9　勾选【开始于屏幕外】和【结束于屏幕外】复选框

关闭【字幕】窗口，将新创建的"字幕 01" 拖曳至【时间轴】面板视频轨道 V2 中，如图 5.2.10 所示。单击【时间轴】面板上播放按钮 ▶，查看字幕效果。

缩短字幕的时间长度，如图 5.2.11 所示，查看字幕快速划过屏幕的效果。

将字幕的时间拉长到原来长度，双击【时间轴】面板视频轨道 V2 上的"字幕 01"，打开

【字幕】窗口，单击【滚动/游动选项】按钮 ，只勾选【开始于屏幕外】复选框，设置【过卷】为 "110"，如图 5.2.12 所示。单击【时间轴】面板上【播放】按钮 ，查看字幕快速飞入屏幕的效果。

图 5.2.10　拖入字幕

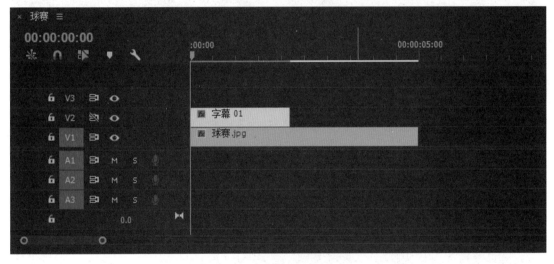

图 5.2.11　缩短字幕时间

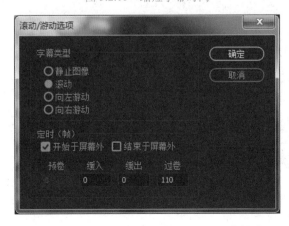

图 5.2.12　设置过卷实现字幕快速飞入屏幕的效果

双击【时间轴】面板视频轨道 V2 上的"字幕 01"，打开【字幕】窗口，单击【滚动/游动选项】按钮，只勾选【结束于屏幕外】复选框，设置【预卷】为"110"，如图 5.2.13 所示。单击【时间轴】面板上【播放】按钮，查看字幕快速飞出屏幕的效果。

双击【时间轴】面板视频轨道 V2 上的"字幕 01"，打开【字幕】窗口，单击【滚动/游动选项】按钮，只勾选【开始于屏幕外】，设置【缓入】为 50，【缓出】为 50，【过卷】为 50，如图 5.2.14 所示。单击【时间轴】面板上【播放】按钮，查看字幕缓入缓出的效果。

图 5.2.13 设置预卷实现字幕快速飞出屏幕的效果

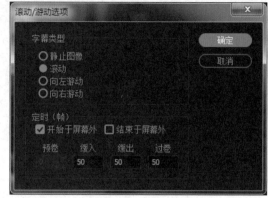
图 5.2.14 设置字幕缓入缓出的效果

举一反三

新建一个项目文件，导入素材图片"运动会.jpg"文件，使用本任务的方法制作四条弹幕效果。如图 5.2.15 所示，制作"弹幕效果"影片。

图 5.2.15 "弹幕效果"影片制作

5.3　倒计时器制作

　　本任务主要使用字幕样式功能制作秒数，使用视频过渡效果来制作时钟式擦除效果，最终实现倒计时效果。

1. 设置字幕样式

　　通过设置【字幕属性】中的填充类型和颜色，添加描边或阴影，合理调整各项参数，就可以制造出酷炫立体的字幕效果，如图 5.3.1 所示。

图 5.3.1　设置字幕样式的效果

2．视频过渡效果

Premiere CC 中自带了丰富的视频过渡效果，如图 5.3.2 所示，有 3D 运动、划像、擦除、溶解、滑动、缩放、页面剥落等。

图 5.3.2　视频过渡效果类型

每一种视频过渡效果又有许多种形态，比如擦除就有划出、双侧平推门、带状擦除、径向擦除等多种形态，如图 5.3.3 所示。可以根据视频的需要灵活选用这些视频过渡效果。

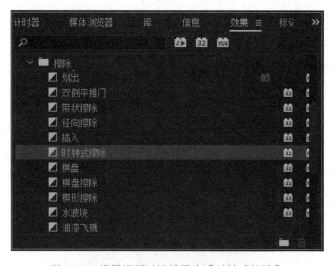

图 5.3.3　设置视频过渡效果为【时钟式擦除】

3．字幕模板

Premiere CC 为用户提供了一些预先设置的带字体样式和图片的字幕模板，使用字幕模板可以轻松创建出漂亮的字幕效果。

单击【字幕】|【新建字幕】|【基于模板】命令或者在【字幕面板】中单击模板按钮，可以打开【模板】对话框。在左侧选择一种合适的模板，单击【确定】按钮即可将模板的内容添加到字幕中。模板中的文字和图形可以利用字幕面板的工具进行编辑和替换。

4. 插入图形

在【字幕面板】中，允许插入图形。单击【字幕】|【图形】|【插入图形】命令，可以插入图片，并且可以调整图片的大小和位置。

自主实践

新建项目文件，输入项目文件的名称"倒计时器"。

单击【编辑】|【首选项】|【常规】命令，打开【首选项】对话框，设置【视频过渡默认持续时间】为 25 帧，设置【静止图像默认持续时间】为 25 帧，单击【确定】按钮，如图 5.3.4 所示。

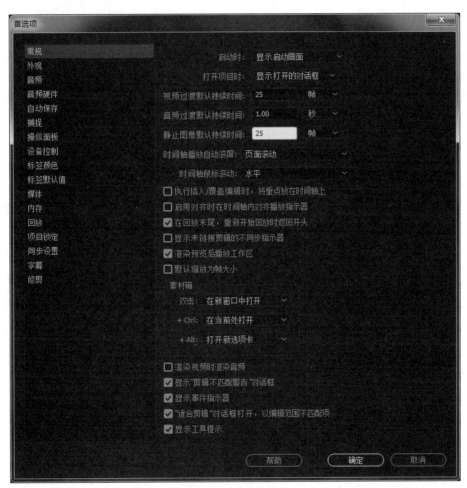

图 5.3.4　设置视频过渡和图像持续时间

单击【字幕】|【新建字幕】|【默认静态字幕】命令，新建名字为"白色背景"的字幕。用矩形工具■绘制一个布满屏幕的矩形，设置填充【颜色】为白色，如图 5.3.5 所示。

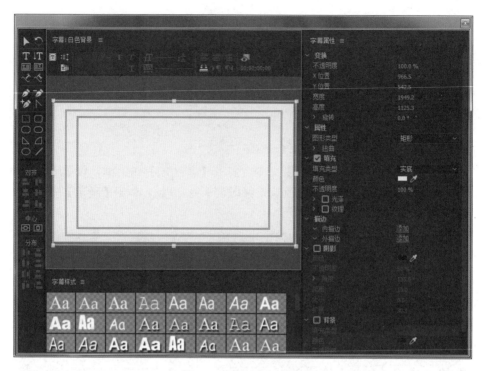

图 5.3.5　绘制白色背景

选择直线工具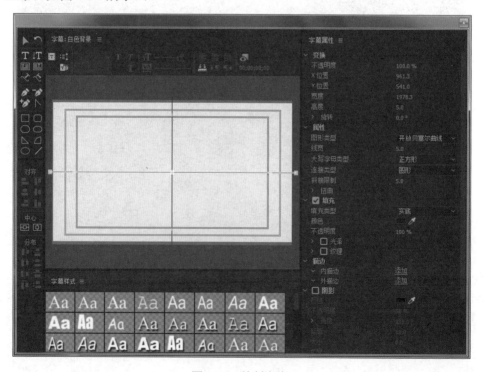，按住【Shift】键，绘制两条直线，一条水平于屏幕，另一条垂直于屏幕，填充【颜色】都设置为黑色。选择直线，单击【水平居中】按钮 和【垂直居中】 ，使直线居中显示，如图 5.3.6 所示。

图 5.3.6　绘制直线

使用椭圆工具，按住【Shift】键，绘制正圆形，取消"填充"，添加"描边"。单击【水平居中】按钮 ▣ 和【垂直居中】按钮 ▣，让圆形居中分布，如图 5.3.7 所示。

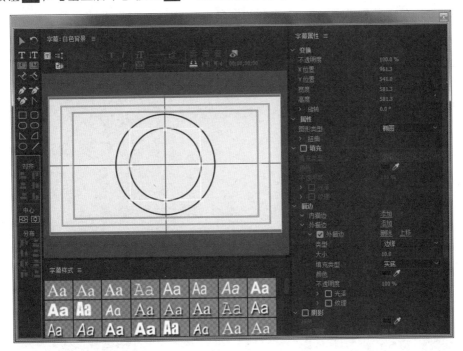

图 5.3.7　绘制圆形

单击【基于当前字幕新建字幕】按钮 ▣，新建名为"黑色背景"的字幕。修改背景为黑色，修改直线和圆形的颜色为白色，如图 5.3.8 所示。

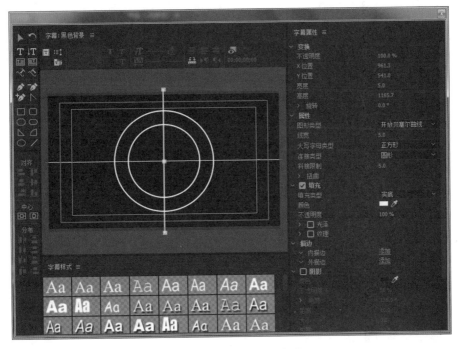

图 5.3.8　制作黑色背景字幕

用文字工具 T 输入数字 5，设置字体为 Arial，加粗倾斜，字体大小为 400.0，数字居中放置。设置数字填充类型为【四色渐变】，四个角的颜色分别设置为：橙色、绿色、蓝色、红色。添加外描边，描边类型为"深度"，大小和角度都设置为 36.0，如图 5.3.9 所示。

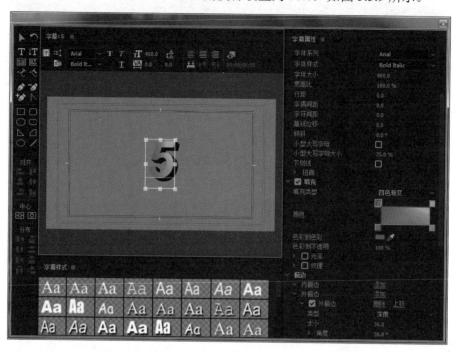

图 5.3.9　新建秒数字幕 5

在原有字幕的基础上新建字幕，修改数字为 4，建立秒数为 4 的字幕，如图 5.3.10 所示。

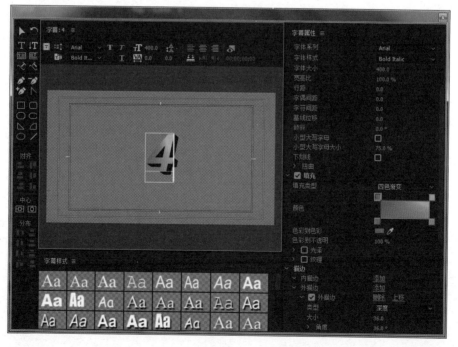

图 5.3.10　在原有字幕的基础上新建秒数为 4 的字幕

10.将白色背景字幕拖曳至【时间轴】面板视频轨道 V1，黑色背景字幕拖曳至【时间轴】
面板视频轨道 V2，秒数为 5 的字幕拖曳至【时间轴】面板视频轨道 V3，如图 5.3.11 所示。

图 5.3.11　拖入字幕

11.在【效果】中找出【视频过渡】效果，选择【擦除】|【时钟式擦除】选项，如图 5.3.12
所示。

图 5.3.12　选择【时钟式擦除】选项

将【时钟式擦除】效果拖曳至【时间轴】面板视频轨道 V2，在黑色背景上，如图 5.3.13 所
示。

图 5.3.13　【时钟式擦除】

单击【时间轴】面板的【播放】按钮▶，查看时钟式擦除的效果，如图 5.3.14 所示。

图 5.3.14　时钟式擦除效果

同时选中字幕白色背景和黑色背景，用组合键【Ctrl+C】复制，【End】键，将时间播放指针移至视频尾部，用组合键【Ctrl+V】粘贴四次，调整轨道显示比例，如图 5.3.15 所示。

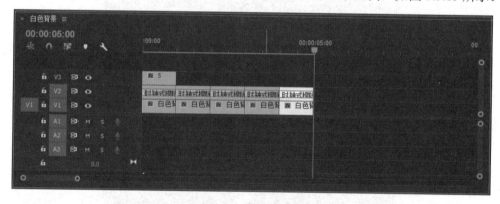

图 5.3.15　复制、粘贴背景字幕

将所有的秒数字幕依次拖曳至【时间轴】面板视频轨道 V3，如图 5.3.16 所示。单击【时间轴】面板【播放】按钮▶，查看效果。

图 5.3.16　拖入所有的秒数字幕

举一反三

　　新建一个项目文件，使用本次任务的学习方法，建立三个字幕，设置画面搭配以及字幕样式，效果如图 5.3.17 所示。

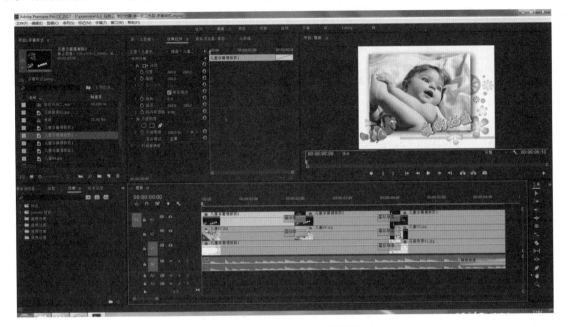

图 5.3.17 字幕样式设置效果

第6章

视频项目综合实训

项目一 制作旅游风光片——《玉林旅游宣传片》

1. 项目要求

玉林，古称郁林州，玉林城区州郡史两千多年，是广西东南部一座千年古城，广西第四大城市，同时是一座正在崛起的泛北部湾中小企业名城、著名侨乡。

玉林旅游资源非常丰富，有"岭南美玉，胜景如林"之称，是"中国优秀旅游城市"。为了更好地宣传玉林市旅游建设所取得的成就，提高其知名度和美誉度，需要制作一段宣传片。

制作要求：

（1）风格新颖，采用水墨动画效果。

（2）构图及色彩美观。

（3）要加入音乐，烘托气氛。

2. 项目分析

水墨动画效果将传统的中国水墨画引入动画制作中，那种虚虚实实的意境和轻灵优雅的画面使片子的艺术格调有了重大的突破。与一般的动画效果不同，水墨动画没有轮廓线，水墨在宣纸上自然渲染，浑然天成，一个个场景就是一幅幅出色的水墨画。泼墨山水的背景豪放壮丽，柔和的笔调充满诗意。它体现了中国画"似与不似之间"的美学，意境深远。

在 Premiere CC 中完成水墨画的效果必须依托水墨晕染素材，这些素材可以利用 After Effects 自行制作或者从网上下载。

（1）本项目的难点在于对黑白的水墨晕染素材添加亮度键控的使用。

（2）节奏的控制，对画面的图片和文字动画效果要根据水墨素材进行合理搭配。

3. 项目效果

影片最终的渲染输出效果，如图 6.1.1 所示。

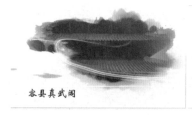
容县真武阁

容县都峤山

岭南美玉，胜景如林

图 6.1.1　影片最终渲染效果图

4．项目实施

（1）新建项目文件及序列

启动 Premiere CC 软件，单击【新建项目】按钮，打开【新建项目】对话框。在对话框的名称栏中输入"玉林旅游"，在位置栏指定保存路径（目录），单击【确定】按钮进入 Premiere CC 的工作界面。

在【项目】面板中，右击，在弹出的菜单中选择【新建项目】|【序列】命令，打开【新建序列】对话框。在对话框中选择【设置】选项，【编辑模式】选择"自定义"，【帧大小】为1920，【水平】为1080，【垂直】为16：9，【像素长宽比】为方形像素（1.0），单击【确定】按钮关闭对话框，如图 6.1.2 所示。

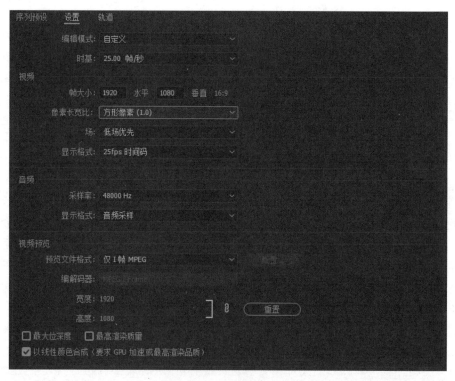

图 6.1.2　设置【新建序列】对话框

（2）导入素材

① 素材文件夹的导入

在【项目】面板的空白处双击，打开【导入】对话框。在【导入】对话框中找到教学资料包【Ch06】|【01】|【作品素材】文件夹，再选中【景点图】文件夹，单击【导入】对话框右下

方的导入文件夹按钮 ，将"景点图"文件夹的所有素材都导入【项目】面板中。

② 导入视音频素材

在【项目】面板空白处右击，选择菜单导入，打开【导入】对话框。在对话框中找到教学资料包【Ch06】|【01】|【作品素材】文件夹，打开后，再选中"背景视频.mp4"和"music.mp3"两个文件，单击【导入】对话框的【打开】按钮，完成导入。此时，【项目】面板如图 6.1.3 所示。

图 6.1.3　导入视、音频素材后的【项目】面板

（3）为背景视频加入亮度键

在【项目】面板中，把素材文件"背景视频.mp4"拖曳到【时间轴】面板的轨道 V2 中。

在【效果控件】面板中，展开视频特效文件夹中的键控文件夹，将其中的【亮度键】拖曳到轨道 V2 中素材"背景视频.mp4"上，设置【阈值】为 56.0%，如图 6.1.4 所示。

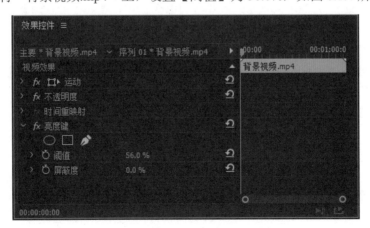

图 6.1.4　设置【亮度键】及其阈值为 56.0%

（4）放置图片，控制好节奏

① 处理第一张图

移动时间指针至 00:00:00:00 处，在【项目】面板中，展开【景点图】文件夹，将其中的素材文件"兴业鹿峰山.jpg"拖曳到轨道 V1 上。

播放预览视频后，发现原来"背景视频.mp4"中黑色的晕染已经显示轨道 V1 上的图片了。接下来，就要找到第一个晕染结束的地方，可以使用键盘上的方向键【←】（上一帧）和【→】（下一帧）来准确定位晕染的开始和结束位置。

移动时间指针至 00:00:04:19 处，把素材文件"兴业鹿峰山.jpg"的出点对齐到此处。

移动时间指针至 00:00:00:00 处，单击选中素材文件"兴业鹿峰山.jpg"，在其【效果控制】面板中，选择【运动】选项，单击【缩放】左侧的【开关动画】按钮 ，为其设置第一个关键帧。将时间指针移到 00:00:04:19 处，设置【缩放】为 110，自动产生第二个关键帧，如图6.1.5 所示。

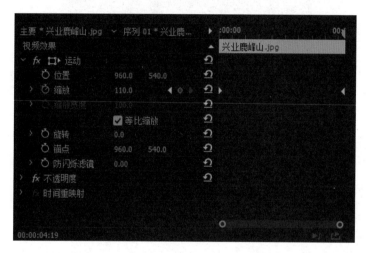

图 6.1.5　设置"兴业鹿峰山.jpg"的【缩放】关键帧

② 处理第二张图

将时间指针移动到 00:00:05:08 处，在【项目】面板中，展开【景点图】文件夹，将其中的素材文件"北流勾漏洞.jpg"拖曳到轨道 V1 上，使入点对齐时间指针。

移动时间指针至 00:00:09:11 处，把素材文件"北流勾漏洞.jpg"的出点对齐到此处。

移动时间指针至 00:00:05:08 处，单击素材文件"北流勾漏洞.jpg"，在其【效果控制】面板中，选择【运动】选项，单击【位置】左侧的【开关动画】按钮 ，为其设置第一个关键帧。将时间指针移到 00:00:09:11 处，设置 Y 轴位置为 500.0，自动产生第二个关键帧，如图 6.1.6所示。

③ 处理第三张图

将时间指针移动到 00:00:10:24 处，在【项目】面板中，展开【景点图】文件夹，将其中的素材文件"博白宴石山.jpg"拖曳到轨道 V1 上，使入点对齐时间指针。

移动时间指针至 00:00:15:24 处，把素材文件"博白宴石山.jpg"的出点对齐到此处。

移动时间指针至 00:00:10:24 处，单击选中素材文件"博白宴石山.jpg"，在其【效果控制】面板中，选择【运动】选项，单击【位置】左侧的【开关动画】按钮 ，为其设置第一个关键帧。将时间指针移到 00:00:15:24 处，设置 Y 轴位置为 375.0，自动产生第二个关键帧。如图 6.1.7 所示。

图 6.1.6　设置"北流勾漏洞.jpg"的【位置】关键帧

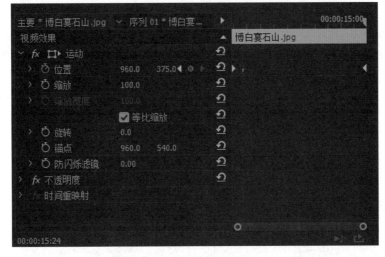

图 6.1.7　设置"博白宴石山.jpg"的【位置】关键帧

④ 处理第四张图

将时间指针移动到 00:00:16:10 处，在【项目】面板中，单击【景点图】文件夹，将其中的素材文件"大容山国家森林公园.jpg"拖曳到轨道 V1 上，使入点对齐时间指针。

移动时间指针至 00:00:20:21 处，把素材文件"大容山国家森林公园.jpg"的出点对齐到此处。

移动时间指针至 00:00:16:10 处，单击选中素材文件"大容山国家森林公园.jpg"，在其【效果控制】面板中，展开【运动】项，单击【缩放】左侧的【开关动画】按钮，为其设置第一个关键帧。将时间指针移到 00:00:20:21 处，设置【缩放】为 110，自动产生第二个关键帧。如图 6.1.8 所示。

⑤ 处理第五张图

将时间指针移动到00:00:21:10处，在【项目】面板中，单击【景点图】文件夹，将其中的素材文件"容县真武阁.jpg"拖曳到轨道V1上，使入点对齐时间指针。

移动时间指针至00:00:25:09处，把素材文件"容县真武阁.jpg"的出点对齐到此处。

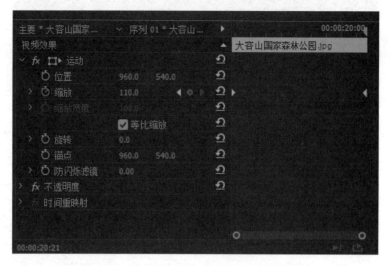

图6.1.8　设置"大容山国家森林公园.jpg"的【缩放】关键帧

移动时间指针至00:00:21:10处，单击素材文件"容县真武阁.jpg"，在其【效果控制】面板中，选择【运动】选项，单击【缩放】左侧的【开关动画】按钮，为其设置第一个关键帧。将时间指针移到00:00:25:09处，设置缩放值为200，自动产生第二个关键帧，如图6.1.9所示。

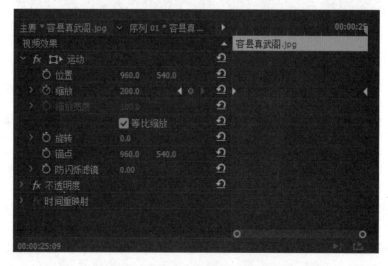

图6.1.9　设置"容县真武阁.jpg"的【缩放】关键帧

⑥　处理第六张图

将时间指针移动到00:00:25:22处，在【项目】面板中，展开【景点图】文件夹，将其中的素材文件"容县都峤山.jpg"拖曳到轨道V1上，使入点对齐时间指针。

移动时间指针至00:00:29:24处，把素材文件"容县都峤山.jpg"的出点对齐到此处。

移动时间指针至00:00:25:22处，单击素材文件"容县都峤山.jpg"，在其【效果控制】面板中，展开【运动】项，单击【位置】左侧的【开关动画】按钮，为其设置第一个关键帧。

将时间指针移到 00:00:29:24 处，设置 X 轴位置为 1150，自动产生第二个关键帧，如图 6.1.10 所示。

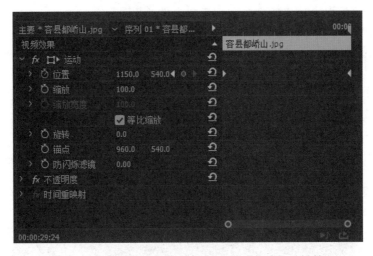

图 6.1.10　设置"容县都峤山.jpg"的【位置】关键帧

⑦　处理第七张图

a. 将时间指针移动到 00:00:31:13 处，在【项目】面板中，展开【景点图】文件夹，将其中的素材文件"容县都峤山 2.jpg"拖曳到轨道 V1 上，使入点对齐时间指针。

b. 移动时间指针至 00:00:36:13 处，把素材文件"容县都峤山 2.jpg"的出点对齐到此处。

c. 移动时间指针至 00:00:31:13 处，单击选中素材文件"容县都峤山 2.jpg"，在其【效果控制】面板中，展开【运动】项，单击【位置】左侧的【开关动画】按钮，为其设置第一个关键帧。将时间指针移到 00:00:36:13 处，X 轴的位置修改为 1160.0，Y 轴的位置修改为 310.0，自动产生第二个关键帧，如图 6.1.11 所示。

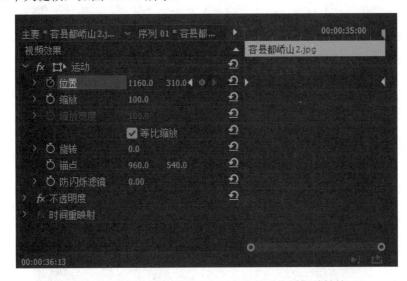

图 6.1.11　设置"容县都峤山 2.jpg"的【位置】关键帧

⑧　处理第八张图

将时间指针移动到 00:00:37:10 处，在【项目】面板中，打开【景点图】文件夹，将其中的素材文件"龙珠湖.jpg"拖曳到轨道 V1 上，使入点对齐时间指针。

移动时间指针至 00:00:41:13 处，把素材文件"龙珠湖.jpg"的出点对齐到此处。

移动时间指针至 00:00:37:10 处，单击素材文件"龙珠湖.jpg"，在其【效果控制】面板中，选择【运动】选项，单击【缩放】左侧的【开关动画】按钮 ，为其设置第一个关键帧。将时间指针移到 00:00:41:13 处，设置【缩放】为 110，自动产生第二个关键帧，如图 6.1.12 所示。

图 6.1.12　设置"龙珠湖.jpg"的【缩放】关键帧

⑨　处理第九张图

将时间指针移动到 00:00:43:02 处，在【项目】面板中，单击【景点图】文件夹，将其中的素材文件"陆川谢鲁山庄.jpg"拖曳到轨道 V1 上，使入点对齐时间指针。

移动时间指针至 00:00:48:02 处，把素材文件"陆川谢鲁山庄.jpg"的出点对齐到此处。

移动时间指针至 00:00:43:02 处，单击选中素材文件"陆川谢鲁山庄.jpg"，在其【效果控制】面板中，选择【运动】选项，单击【缩放】左侧的【开关动画】按钮 ，为其设置第一个关键帧。将时间指针移到 00:00:48:02 处，设置【缩放】为 110，自动产生第二个关键帧，如图 6.1.13 所示。

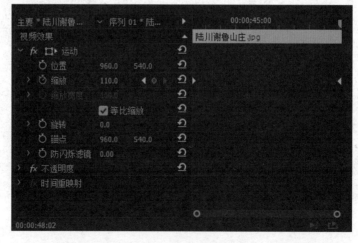

图 6.1.13　设置"陆川谢鲁山庄.jpg"的【缩放】关键帧

⑩　处理第十张图

将时间指针移动到 00:00:48:13 处，在【项目】面板中，单击【景点图】文件夹，将其中的素材文件"玉林园博园.jpg"拖曳到轨道 V1 上，使入点对齐时间指针。

移动时间指针至 00:00:52:24 处，把素材文件"玉林园博园.jpg"的出点对齐到此处。

移动时间指针至 00:00:48:13 处，单击选中素材文件"玉林园博园.jpg"，在其【效果控制】面板中，选择【运动】选项，单击【缩放】左侧的【开关动画】按钮，为其设置第一个关键帧。将时间指针移到 00:00:52:24 处，设置【缩放值】110，自动产生第二个关键帧，如图 6.1.14 所示。

图 6.1.14　设置"玉林园博园.jpg"的【缩放】关键帧

⑪　处理第十一张图

将时间指针移动到 00:00:53:13 处，在【项目】面板中，单击【景点图】文件夹，将其中的素材文件"玉林云天宫.jpg"拖曳到轨道 V1 上，使入点对齐时间指针。

移动时间指针至 00:00:57:12 处，把素材文件"玉林云天宫.jpg"的出点对齐到此处。

移动时间指针至 00:00:53:13 处，单击选中素材文件"玉林云天宫.jpg"，在其【效果控制】面板中，选择【运动】选项，单击【位置】左侧的【开关动画】按钮，为其设置第一个关键帧。将时间指针移到 00:00:57:12 处，X 轴的位置修改为 1130.0，Y 轴的位置修改为 635.0，自动产生第二个关键帧，如图 6.1.15 所示。

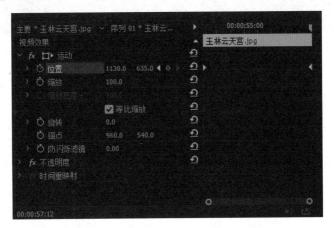

图 6.1.15　设置"玉林云天宫.jpg"的【位置】关键帧

⑫ 处理第十二张图

将时间指针移动到 00:00:57:16 处，在【项目】面板中，单击【景点图】文件夹，将其中的素材文件"玉林五彩田园.jpg"拖曳到轨道 V1 上，使入点对齐时间指针。

移动时间指针至 00:01:03:24 处，把素材文件"玉林五彩田园.jpg"的出点对齐到此处。

移动时间指针至 00:00:57:16 处，单击选中素材文件"玉林五彩田园.jpg"，在其【效果控制】面板中，选择【运动】选项，单击【缩放】左侧的【开关动画】按钮，为其设置第一个关键帧。将时间指针移到 00:01:03:24 处，设置【缩放】为 150，自动产生第二个关键帧，如图 6.1.16 所示。

图 6.1.16　设置"玉林五彩田园.jpg"的【缩放】关键帧

此时【时间轴】面板如图 6.1.17 所示。

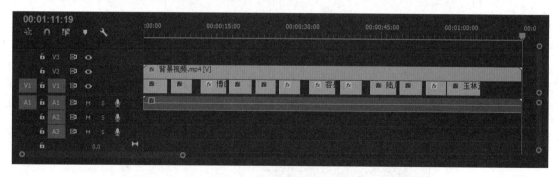

图 6.1.17　【时间轴】面板

（5）制作字幕

① 基于当前字幕新建字幕

单击【字幕】|【新建字幕】|【默认静态字幕】命令，弹出【新建字幕】对话框，输入字幕名称"兴业鹿峰山"，单击【确定】按钮关闭对话框，调出【字幕设计】面板。

单击字幕工具栏中的 **T**（文本工具）按钮，在绘制区域单击欲输入文字的开始点，输入"兴业鹿峰山"。单击字幕工具栏中的 ▶（选择工具）按钮，单击文本框外任意一点，结束输入。

单击选中刚输入的文本，在右侧的【字幕属性】中设置：【字体系列】为华文新魏，【字体大小】为 100，【颜色】为黑色（R：0，G：0，B：0），【X 位置】为 1430.0，【Y 位置】为 930.0，如图 6.1.18 所示。

图 6.1.18　设置文本"兴业鹿峰山"的【字幕属性】

单击字幕工具栏中的 ▣（基于当前字幕新建字幕）按钮，弹出【新建字幕】对话框，名称输入"北流勾漏洞"，单击【确定】按钮打开【字幕编辑】窗口，修改文本为"北流勾漏洞"。其他设置保持不变。

重复此步操作，快速把所有景点图片的字幕制作完成，为了便于大家一一对应，列出表格对应如表 6.1.1 所示。

表 6.1.1　字幕文本及位置

序号	景 点 图 片	对应字幕名称	对应字幕文本	X、Y 位置
1	兴业鹿峰山.jpg	兴业鹿峰山	兴业鹿峰山	960.0，540.0
2	北流勾漏洞.jpg	北流勾漏洞	北流勾漏洞	960.0，500.0
3	博白宴石山.jpg	博白宴石山	博白宴石山	960.0，375.0
4	大容山国家森林公园.jpg	大容山公园	大容山公园	960.0，540.0
5	容县真武阁.jpg	容县真武阁	容县真武阁	960.0，540.0
6	容县都峤山.jpg	容县都峤山	容县都峤山	1150.0，540.0
7	容县都峤山 2.jpg			
8	龙珠湖.jpg	龙珠湖	陆川龙珠湖	1160.0，310.0
9	陆川谢鲁山庄.jpg	陆川谢鲁山庄	陆川谢鲁山庄	960.0，540.0
10	玉林园博园.jpg	玉林园博园	玉林园博园	960.0，540.0
11	玉林云天宫.jpg	玉林云天宫	玉林云天宫	960.0，540.0
12	玉林五彩田园.jpg	玉林五彩田园	玉林五彩田园	1130.0，635.0
13	宣传片标题	标题	岭南美玉，胜景如林	960.0，540.0

选中刚输入的文本"岭南美玉，胜景如林"，在右侧的【字幕属性】中设置：【字体系列】华文新魏；【字体大小】为 120.0，【颜色】为黑色（R：0，G：0，B：0），【X 位置】为 960.0，【Y 位置】为 540，如图 6.1.19 所示。

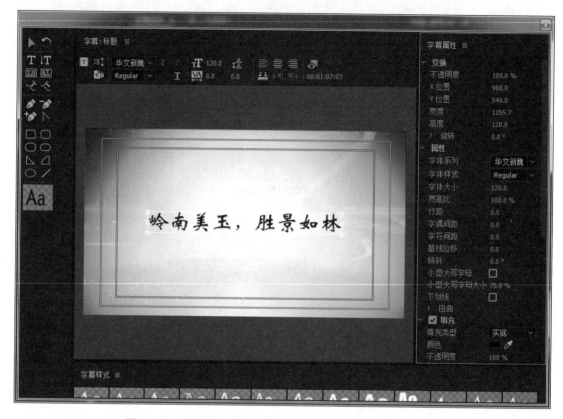

图 6.1.19　设置文本"岭南美玉，胜景如林"的【字幕属性】

② 组接字幕素材

将时间指针置于 00:00:01:05 处，拖曳"兴业鹿峰山"字幕素材到轨道 V3 中。调整字幕的出点与轨道 V1 的景点图片的出点对齐。

按照前面列表的顺序，依次把字幕放到轨道 V3 中，并调整各个字幕的出点与轨道 V1 的各个景点图片的出点一一对齐。

将时间指针置于 00:01:04:12 处，拖曳"标题"字幕素材到轨道 V3 中。调整字幕的出点与轨道 V2 的"背景视频.mp4"的出点对齐。此时【时间轴】面板如图 6.1.20 所示。

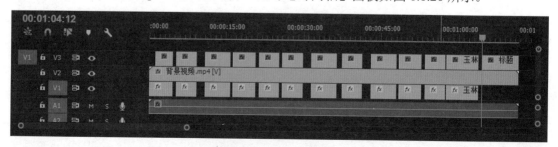

图 6.1.20　【时间轴】面板

③ 添加字幕动画

为了增强画面的动感，请读者自行对前面的字幕进行设计动画或转场效果。在这里仅对标题动画做一个简单的制作说明。

将时间指针置于 00:01:04:12 处，选中字幕文件标题，在其【效果控制】面板中，单击【缩放】左侧的按钮 ⚪，自动产生第一个关键帧。

将时间指针移动到 00:01:11:19 处，在【效果控制】面板中，设置缩放值为120，自动产生第二个关键帧。

选中轨道 V3 中"标题"字幕，按下快捷键【Ctrl+D】（转场持续时间为 1 秒），对其添加【淡入】【淡出】效果，如图 6.1.21 所示。

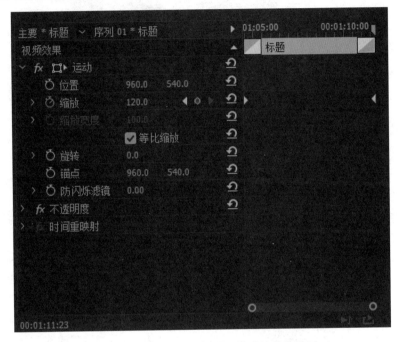

图 6.1.21　设置字幕"标题"的【缩放】动画

（6）加入背景音乐

在轨道 V2 上选中素材"背景视频.mp4"右击，选择菜单上的【取消链接】选项，把"背景视频.mp4"的视音频链接分离开，接着按【Delete】键把音频轨道 A1 上的音频删除。

将时间线移到 00:00:00:00 处，将【项目】面板中的"music.mp3"素材拖曳到音频轨道 A1。

将时间线移到 00:00:01:12 处，单击右侧工具箱中的 ◆ 按钮（【剃刀】工具，组合键【Ctrl+K】），然后在"music.mp3"素材上单击，将其分割为 2 部分，单击 ▶ 按钮（【选择】工具），再单击分割的前半部分，将其选中后按【Delete】键删除，将余下的素材片段移动至轨道的开头处。

将时间线移到 00:01:11:19 处，利用【剃刀】工具分割"music.mp3"素材片段，并将分割的后半部分删除。

在【效果】面板中，展开音频过渡文件夹中的交叉淡化文件夹，将其中的【恒定功率】转场拖曳到"music.mp3"素材片段的出点处，设置其转场持续时间为 00:00:01:00。

（7）输出影片

单击【文件】|【导出】|【媒体】命令，弹出【导出设置】对话框，勾选【与序列设置匹配】复选框，从中选择保存目标路径及输入文件名，然后单击【导出】按钮，等渲染完成后，即可观看宣传片了。

5. 交流拓展

请读者利用教学资料包中本节的拓展素材制作一部时尚车展的宣传短片，效果如图 6.1.22 所示。

图 6.1.22　时尚车展的宣传短片效果图

项目二　制作新闻广告片头——《节目预告》

1. 项目要求

若将电视节目比喻为绚丽多彩的风景区，那么节目预告无疑就是引导游客进入景区的导游和路标，它能使游客对即将游览的景点路线产生一个简明扼要的印象，从而做出是否游览的决定。

新闻广告片头——《节目预告》的制作，可以预告节目的可看性和栏目的独特性。为了能让观众更准确快捷地了解节目信息，以便观看自己喜欢的电视节目，需要制作一段精彩的节目预告片。

制作要求：

（1）掌握关键知识点：镜头光晕、创建字幕、字幕运动、抠像、转场、音频剪辑。

（2）综合实际运用：把握节奏，控制信息呈现，合理运用图片、视频、字幕、音频等元素综合进行影片制作，增加影片的可视性。

2. 项目分析

本项目制作新闻广告片头——《节目预告》，主要采用了手指触摸表现手法，综合应用镜头光晕、颜色键、转场等特效，剪辑视频、音频素材和图片素材，完成新闻广告片头《节目预告》的制作。

3. 项目效果

影片最终的渲染输出效果如图 6.3.1 所示。

图 6.3.1　影片最终渲染效果

4．项目实施

（1）新建文件。启动 Premiere CC，单击【开始】|【新建项目】命令，弹出【新建项目】对话框。在【新建项目】对话框的【名称】栏中输入"节目预告"，在【位置】栏选择存储位置，单击【确定】按钮，进入 Premiere CC 编辑界面。

（2）创建序列。在【项目】面板的空白处右击，在弹出的菜单中单击【新建项目】|【序列】命令，如图 6.3.2 所示。在【新建序列】对话框中选择【DV-PAL】选项，选择其下的标准 48kHz，将序列名称命名为"节目预告"。

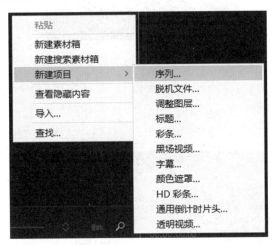

图 6.3.2　新建序列

（3）设置静止图像默认持续时间。单击【编辑】|【首选项】|【常规】命令，打开【首选项】面板，设置【静止图像默认持续时间】为 3 秒。如图 6.3.3 所示。

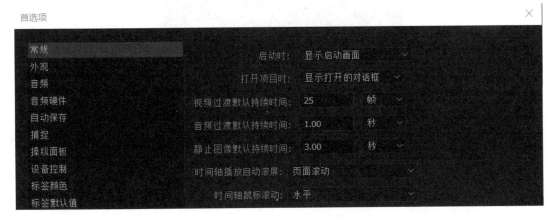

图 6.3.3　设置静止图像默认持续时间

（4）新建素材箱。在【项目】面板的空白处右击，在弹出的菜单中选择【新建素材箱】并命名为"图片"。用同样的方法，再创建名为"字幕"的素材箱，如图 6.3.4 所示。

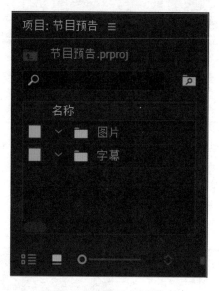

图 6.3.4　新建素材箱

（5）导入素材到【项目】面板图片素材箱中。打开【图片】素材箱，在【素材箱】面板中双击，导入"电视机.png""动物.jpg""美食.jpg""风光.jpg""手指.jpg""无限精彩.png""即将播出.png" 7 个图片素材。导入后的文件排列在【项目】面板中，如图 6.3.5 所示。

图 6.3.5　导入图片素材到【项目】面板素材箱

（6）添加背景图片中。将播放指示器移到 0 帧，从【项目】面板中的图片素材箱中将"电视机.png"拖曳到【时间轴】面板视频轨道 V1，将鼠标指针放在"电视机.png"尾部，拖曳其到 16 秒，如图 6.3.6 所示。并在【效果控件】中设置【位置】为（360.0，300.0），【缩放】为136.0，效果如图 6.3.7 所示。

图 6.3.6　背景图"电视机.png"时间设置

图 6.3.7　背景图"电视机.png"【位置】【缩放】设置效果

（7）新建字幕"节目预告"。双击【项目】面板中的【字幕素材箱】，单击下拉菜单中的【字幕】|【新建字幕】|【默认静态字幕】命令，如图 6.3.8 所示。将字幕名称命名为"节目预告"，单击【确定】按钮，如图 6.3.9 所示。

图 6.3.8　新建字幕

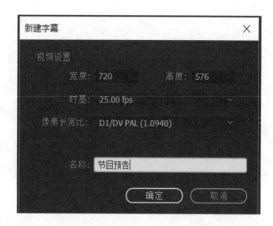

图 6.3.9　字幕命名为"节目预告"

（8）编辑字幕"节目预告"。选中文字工具 T，在屏幕中输入文字"节目预告"，进行样式设置，【字体系列】为隶书，【字体大小】为 100，【宽高比】为 100%，如图 6.3.10 所示。

（9）关闭【字幕】面板，从【项目】面板中将字幕"节目预告"拖曳到【时间轴】面板轨道 V2 处，将鼠标指针放在"节目预告"尾部，拖曳其到 16 秒，与背景图时长一致。

（10）选中【时间轴】面板的"节目预告"，在【效果控件】中调整其位置为屏幕中间，【位置】为（340.0，340.0）。

（11）选中【时间轴】面板的"节目预告"，将播放指示器移到 3 秒，利用【剃刀】工具或按快捷键【C】将"节目预告"剪成两段。用【选择】工具或按快捷键【V】选中前一段，在 10 帧处设置【位置】为（340.0，340.0），【旋转】为 0°，并单击【旋转】前的【时间码表】按钮记录关键帧。

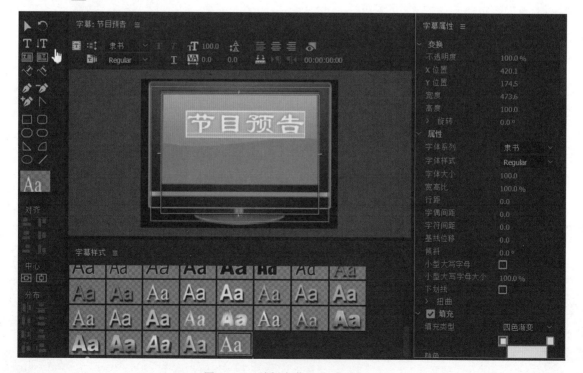

图 6.3.10　编辑字幕"节目预告"

（12）片头字幕旋转运动。播放指示器移到 2 秒 10 帧，设置【旋转】为 1×0.0°，自动生成新的关键帧。此时，标题"节目预告"已完成片头旋转运动，如图 6.3.11 所示。

图 6.3.11　编辑标题字幕运动

（13）选中【时间轴】面板轨道 V2 的后一段字幕"节目预告"，在【效果控件】中设置【位置】为（340.0，200.0），使其位于屏幕上方。

（14）新建字幕"动物世界"。双击【项目】面板中的【字幕素材箱】，单击下拉菜单中的【字幕】|【新建字幕】|【默认字幕】命令，新建字幕"动物世界"。选中【文字】工具 T，在屏幕中输入文字内容为"17：30 动物世界"，进行样式设置，【字体系列】为楷体，【字体大小】为 40.0，【宽高比】为 100%，如图 6.3.12 所示。

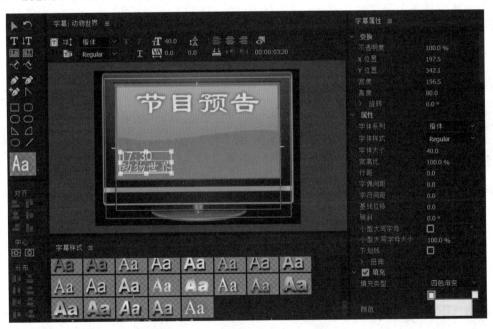

图 6.3.12　新建字幕"动物世界"

（15）基于当前字幕新建字幕。双击【项目】面板的【字幕素材箱】中的字幕"动物世界"，进入【字幕】编辑窗口，单击【基于当前字幕新建字幕】按钮，在弹出的【新建字幕】对话框中的【名称】框内输入"美食天地"，单击【确定】按钮。选择【文字】工具 T，单击屏幕上的文本框，将原来的字幕内容"17:30 动物世界"删除，输入字幕内容为"18:00 美食天地"，此时可发现，新字幕的样式和大小等均沿用了上一个字幕的设置。利用同样的方法，新建字幕

"旅游风光"，并在文本框内输入字幕内容为"18:30 旅游风光"。关闭【字幕】窗口后，在【项目】面板的【字幕素材箱】中可看到所创建的字幕，如图 6.3.13 所示。

图 6.3.13 项目面板字幕素材

（16）将播放指示器移到 3 秒，从【项目】面板的【字幕素材箱】中拖曳字幕到【时间轴】面板轨道 V3 上，依次排列为"动物世界""美食天地""旅游风光"，三个字幕的【位置】均为（360.0，288.0），如图 6.3.14 所示。

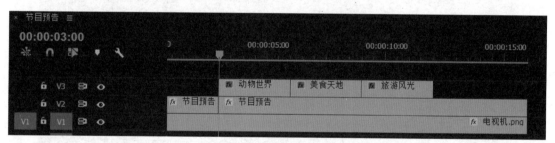

图 6.3.14 添加字幕到时间轴

（17）将播放指示器移到 3 秒，从【项目】面板图片素材箱中拖曳图片素材"动物.jpg""美食.jpg""风光.jpg"到【时间轴】面板轨道 V4，每张图片时长 3 秒。排列次序为"动物.jpg""美食.jpg""风光.jpg"，每一张图片与前一张图片紧密相连，如图 6.3.15 所示。

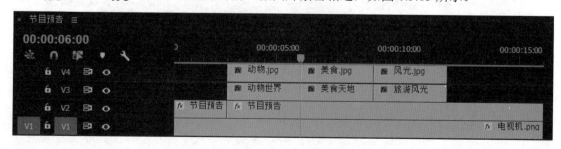

图 6.3.15 添加图片素材到时间轴

（18）分别选中【时间轴】面板上的"动物.jpg""美食.jpg""风光.jpg"，设置【效果控件】，【缩放】均设置为47.0，【位置】均设置为（465.0，288.0），效果如图6.3.16所示。

图6.3.16　图片"效果控件"设置效果

（19）将播放指示器移到12秒，从【项目】面板图片素材箱中拖曳图片素材"无限精彩.png""即将播出.png"到轨道V4的尾部，将这两张图片的时长各剪辑为2秒，与前面的图片紧密相连。分别选中轨道V4上的这两张图片，选择【效果控件】，设置【缩放】为60.0，【位置】为（360.0，220.0）。

（20）将播放指示器移到12秒，利用【剃刀】工具▧或按快捷键【C】将视频轨道V2上的"节目预告"进行剪辑，用【选择】工具▧或按快捷键【V】选中12秒后的一段，按【Delete】键进行删除。此时【时间轴】面板如图6.3.17所示。

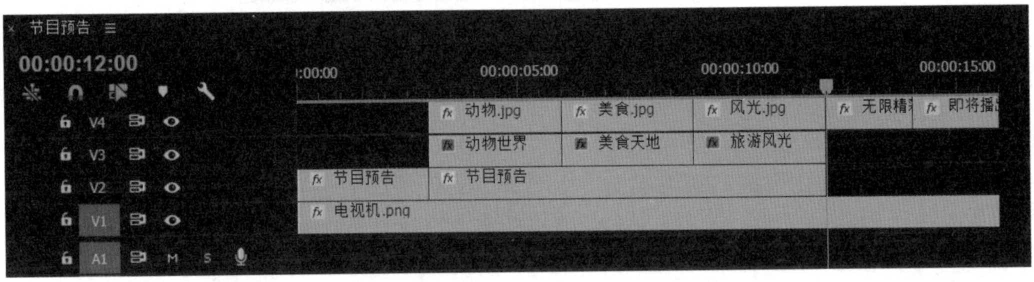

图6.3.17　"节目预告"剪辑后的【时间轴】面板

（21）给图片"动物.jpg"设置动画。为使画面中的动物、美食及风光等图片进行从画面左侧到右侧运动的动画效果，需对轨道V4的"动物.jpg""美食.jpg""风光.jpg"，设置【效果控件】中【位置】的关键帧。

将播放指示器移到3秒，选中"动物.jpg"，选择【效果控件】，设置【位置】为（-170.0，288.0），单击【位置】前的时间码表▧添加位置关键帧，将播放指示器移到5秒，设置【位置】为（465.0，288.0），此时自动生成第二个位置关键帧，播放预览可见动物图片从左侧往右侧运动。

（22）给"美食.jpg""风光.jpg"进行动画设置。选中轨道V4的"动物.jpg"右击，在弹出的快捷菜单中选择【复制】选项，然后同时选中"美食.jpg""风光.jpg"右击，在弹出的快捷菜单中选择【粘贴属性】选项，在弹出的【粘贴属性】对话框中单击【确定】按钮，如图 6.3.18 所示。

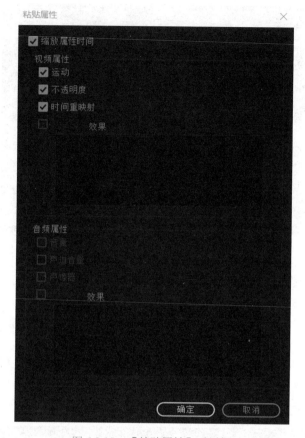

图 6.3.18　【粘贴属性】对话框

　　此时"动物.jpg"的属性就粘贴至"美食.jpg""风光.jpg"中，在【节目监视器】按 ▶ 键播放，可预览美食和风光图片被缩放至合适大小，并从左侧往右侧运动。

　　（23）给字幕"动物世界"设置动画。参考第（21）步的步骤，给字幕"动物世界"设置动画。将播放指示器移到 3 秒，选中【时间轴】面板轨道 V3 上的"动物世界"，选择【效果控件】选项，设置【位置】为（−260.0，288.0），单击【位置】前的时间码表 ⏱ 添加位置关键帧，将播放指示器移到 5 秒，设置【位置】为（360.0，288.0），此时自动生成第二个位置关键帧，播放预览可见字幕内容"17：30 动物世界"从左侧往右侧运动。

　　（24）给字幕"美食天地""旅游风光"设置动画。选中【时间轴】面板视频轨道 V3 上的"动物世界"右击，在弹出的快捷菜单中选择【复制】选项，然后同时选中"美食天地""旅游风光"右击，在弹出的快捷菜单中选择【粘贴属性】选项，在弹出的【粘贴属性】对话框中单击【确定】按钮，此时"动物世界"的属性就粘贴至"美食天地""旅游风光"中，播放预览可见字幕内容"18:00 美食天地""18:30 旅游风光"从左侧往右侧运动。

　　（25）添加转场特效。将播放指示器移到 3 秒，在【效果】面板中找到【立方体旋转】，将其拖曳到轨道 V4 "动物.jpg"的开始处，转场持续时间为 1 秒，对齐为起点切入，如图 6.3.19 所示。用同样的方法，对轨道 V3 的字幕"动物世界"添加【立方体旋转】效果。

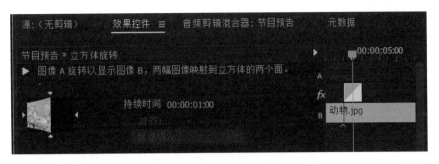

图 6.3.19　转场设置 1

　　参照以上方法，完成如图 6.3.20 所示的其他转场设置。其中，轨道 V4 "风光.jpg"与"精彩无限"间的转场特效为"时钟式擦除"；"精彩无限"与"即将开始"间的转场特效为"推"；轨道 V2 的转场特效为"翻转"；其他转场特效为"立方体旋转"。设置转场持续时间为 1 秒，对齐为中心切入（轨道 V2 的转场为"翻转"，对齐为终点切入）。

图 6.3.20　转场设置 2

　　（26）将播放指示器移到 3 秒，从【项目】面板图片素材箱中拖曳图片素材"手指.jpg"到【时间轴】面板轨道 V5，选择【效果控件】选项，设置【位置】为（360.0，400.0），【缩放】为 65.0。单击【效果】|【键控】|【颜色键】命令，进行绿屏抠像。用【颜色键】中的【吸管】工具吸取"手指.jpg"的绿色背景，设置【颜色容差】为 20，【边缘细化】为 2，如图 6.3.21 所示。

　　再分两次从【项目】面板图片素材箱中拖曳"手指.jpg"，分别放在 6 秒和 9 秒处，并选中 3 秒处的"手指.jpg"右击，选择【复制】选项，选中 6 秒及 9 秒处的"手指.jpg"，选择【粘贴属性】选项。

图 6.3.21　"手指"抠像设置

（27）制作手指触摸动画。分别选中轨道 V5 上 3 个"手指.jpg"，设置时长均为 2 秒 10 帧。即 3 个"手指.jpg"在轨道 V5 所处时间分别为：第 3 秒至 5 秒 10 帧、第 6 秒至 8 秒 10 帧、第 9 秒至 11 秒 10 帧。选中第 1 个"手指.jpg"，在 3 秒处，设置【位置】（-170.0，400.0），并添加关键帧。在 5 秒处，设置【位置】（655.0，400.0），并自动生成关键帧。此时预览，可见手指从左侧往右侧移动，给观众一个手指触摸图片运动的感觉。

选中第 2 个"手指.jpg"，在 6 秒处，设置【位置】（-20.0，400.0），并添加关键帧。在 8 秒处，设置【位置】（655.0，400.0），并自动生成关键帧。

选中第 3 个"手指.jpg"，在 9 秒处，设置【位置】（-20.0，400.0），并添加关键帧。在 11 秒处，设置【位置】（655.0，400.0），并自动生成关键帧。效果如图 6.3.22 所示。

图 6.3.22　手指触摸效果

（28）"无限精彩.png"上下运动设置。将播放指示器移到 12 秒 15 帧，选中【时间轴】面板轨道 V4 上的"无限精彩.png"，选择【效果控件】，设置【位置】为（360.0，220.0），添加关键帧；播放指示器移到 13 秒，设置【位置】为（360.0，190.0），自动生成关键帧；播放指示器移到 13 秒 10 帧，设置【位置】为（360.0，230.0），自动生成关键帧。

（29）"即将播出.png"左右运动设置。将播放指示器移到 14 秒 15 帧，选中【时间轴】面板轨道 V3 上的"即将播出.png"，选择【效果控件】设置【位置】为（360.0，220.0），添加关键帧；播放指示器移到 15 秒，设置【位置】为（320.0，220.0），自动生成关键帧；播放指示器移到 15 秒 10 帧，设置【位置】为（360.0，230.0），自动生成关键帧。

（30）给背景添加镜头光晕。从【效果】中搜索【镜头光晕】，将其拖曳放到轨道 V1 上的"电视机.png"，为背景添加镜头光晕特效。将【镜头光晕】展开，其下【光晕中心】的设置值在 0 帧处为（200.0，200.0）；单击【位置】前的【时间码表】 添加位置关键帧，对【位置】值的修改将会自动生成关键帧。3 秒处（360.0，150.0）；6 秒处（300.0，300.0）；9 秒处（100.0，160.0）；12 秒处（400.0，280.0）；14 秒处（120.0，140.0）；15 秒 10 帧处（400.0，210.0）。

提个醒

图片或字幕素材、镜头光晕中心等在【效果控制】中的运动参数值并不是固定的，为打造合理的视觉效果，可结合影片制作的实际情况对运动属性如位置、旋转、缩放等，进行灵活设置与调整，本节目预告影片中给出的关于运动属性的数值仅供参考。

（31）导入"背景音乐.mp3"。导入"背景音乐.mp3"到【项目】面板，播放指示器移到 0 帧，选中【项目】面板中的"背景音乐.mp3"，将其拖放到【时间轴】的音频轨道 A1 上。

（32）播放指示器移到 16 秒，用【剃刀】工具 剪辑音频文件，删除后面一段。在音乐的开始和结尾处添加音频关键帧 ，设置背景音乐的淡入与淡出。如图 6.3.23 所示。

图 6.3.23　设置背景音乐的淡入与淡出

（33）完成后的"节目预告"【时间轴】界面如图 6.3.24 所示。

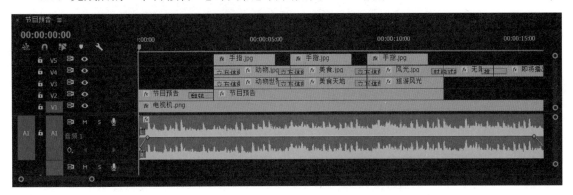

图 6.3.24　完成后的"节目预告"【时间轴】面板

（34）在【节目监视器】窗口中，单击【播放】按钮，预览影片。

（35）保存、输出编辑结果，生成"节目预告"影片。其中，导出设置格式为 H.264，预设为自定义，基本视频设置为 720×576。

5. 交流拓展

当前所流行的新闻广告片头——《节目预告》的表现方式及风格五花八门，多不胜数。不论《节目预告》的方式与风格如何变，字幕与画面的融合始终占据重要地位，使节目丰富，令人期待，在电视传播中意义非凡。

在学习本节《节目预告》影片制作后，可尝试使用如【滚动、游动选项】命令制作文字效果，综合使用视觉元素（视频、音频、图片等），适当设置【效果控件】及【效果】面板，呈现精彩吸睛的作品。

请结合本节所讲的内容，利用教学资料包中本节的拓展素材制作一个酷炫的电影预告片，效果如图 6.3.25 所示。

图 6.3.25　电影预告片最终渲染效果图

项目三　制作美食广告片头——《玉林美食》

1. 项目要求

玉林风味美食，历史悠久。玉林民间广泛流传着这样一首打油诗："千州万州郁林州，甘香酥脆满嘴油，肉蛋落地跳三跳，牛巴甘香味道妙，竹板一响云吞来，还有茶泡天下游。"它形象而生动地道出了玉林人对玉林风味美食的赞叹和自豪感。

为了更好地宣传玉林市饮食文化，提高知名度和美誉度，需要制作一段美食广告片头。制作要求：

（1）掌握关键知识点：光效运动、水墨风格、嵌套序列。

（2）综合实际运用：把握节奏，控制信息呈现，合理运用图片、视频、字幕、音频等元素综合进行影片制作，增加影片的可视性。

2. 项目分析

本项目制作美食广告片头——《玉林美食》，主要采用了流行于栏目包装、影视片头的水墨手法，综合应用序列嵌套的方法及亮度键、颜色键、镜头光晕和光照效果等特效，剪辑视频、音频素材和图片素材，完成美食广告片头"玉林美食"的制作。

3. 项目效果

影片最终的渲染输出效果，如图 6.4.1 所示。

图 6.4.1　影片最终渲染效果图

4．项目实施

（1）新建工程文件。启动 Premiere CC，单击【开始】|【新建项目】命令，弹出【新建项目】对话框。在【新建项目】对话框的【名称】栏中输入"玉林美食"，在【位置】栏选择存储位置，单击【确定】按钮，进入 Premiere CC 编辑界面。

（2）新建素材箱。在【项目】面板的空白处中右击，在弹出的菜单中选择【新建素材箱】选项，命名为"视频"。用同样的方法，再分别创建名为"音频""图片"和"字幕"的三个素材箱，如图 6.4.2 所示。

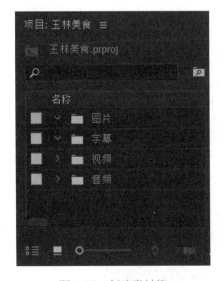

图 6.4.2　创建素材箱

（3）导入素材到【项目】面板素材箱。分别双击打开"视频""音频""图片"素材箱，在素材箱面板中双击，导入相应的视频、音频、图片素材，如图 6.4.3 所示。

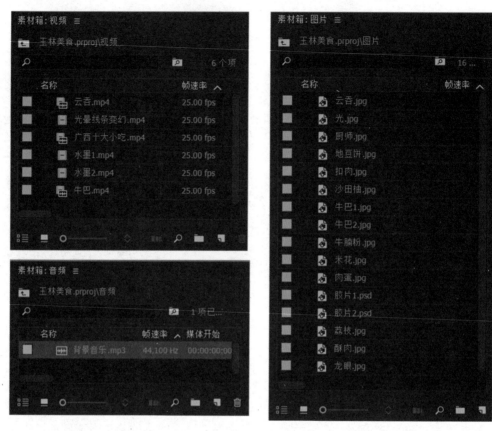

图 6.4.3　导入视频、图片、音频素材到【项目】面板素材箱

（4）创建序列。在"水墨 1.mp4"视频素材上右击，在弹出的菜单中选择【从剪辑新建序列】选项，如图 6.4.4 所示。视频显示在时间轴轨道中，创建了序列，将序列重命名为"玉林美食"。

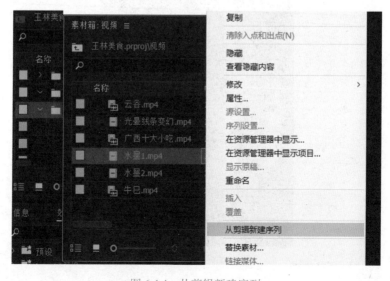

图 6.4.4　从剪辑新建序列

（5）添加光效素材。将播放指示器移到 0 帧，从【项目】面板中将素材"光.jpg"拖曳到【时间轴】面板视频轨道 V2，图片时长 2 秒。在【效果】面板的搜索框中输入"亮度键"，找到【亮度键】项，将其拖曳到时间轴上的"光.jpg"上。选中"光.jpg"，在【效果控件】中将图片缩放为 60%。再次从【项目】面板的"图片"素材箱中将"光.jpg"拖曳到视频轨道 V3，做同样的缩放设置。这样就有了两个光效素材，选中轨道 V2 上的"光.jpg"，在【效果控件】中设置【位置】为（300.0，770.0）；选中轨道 V3 上的"光.jpg"，在【效果控件】中设置【位置】为（1600.0，770.0），效果如图 6.4.5 所示。

图 6.4.5　两个光效

（6）制作光效运动。在【效果控件】中分别给 V2 和轨道 V3 上的"光.jpg"添加位置关键帧，当播放指示器位于 0 帧、10 帧、1 秒、1 秒 10 帧、1 秒 24 帧时，轨道 V2、V3 的"光.jpg"位置值分别为：0 帧处（300.0，770.0）和（1600.0，770.0）；10 帧处为（800.0，900.0）和（800.0，400.0）；1 秒处为（1300.0，500.0）和（300.0，800.0）；1 秒 10 帧处为（1200.0，700.0）和（500.0，600.0）；1 秒 24 帧处为（1800.0，500.0）和（200.0，900.0）。图 6.4.6 所示为轨道 V2"光.jpg"位于 0 帧处的设置界面。

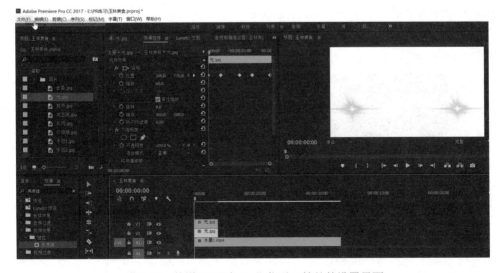

图 6.4.6　轨道 V2"光.jpg"位于 0 帧处的设置界面

提个醒

光效素材在【效果控制】中的运动参数值并不是固定的，为打造夺目的光效动感效果，可结合影片制作的实际情况对运动属性如位置、旋转、缩放等，进行灵活设置与调整，本美食片头影片中给出的关于运动属性的数值仅供参考。

（7）创建颜色遮罩。将轨道 V1 上的"水墨 1.mp4"移动到轨道 V2 上的"光.jpg"之后，并紧密排列。此时发现光效背景为黑色，为使光效运动与下一步的水墨素材风格更加融合，需要给以上黑色背景的光效运动添加一个颜色遮罩，并设为白色。在【项目】面板上右击，选择【新建项目】|【颜色遮罩】选项，设置【颜色】为白色，命名为"白色遮罩"，将播放指示器指向 0 帧处，将【白色遮罩】拖曳到轨道 V1 上，剪成 2 秒。

（8）水墨视频素材剪辑。

拖曳播放指示器，停在 4 秒位置，选中轨道 V2 上的"水墨 1.mp4"，利用【剃刀】工具 或按快捷键 C 将视频剪成两部分，并删除后部分。

双击【项目】面板视频素材箱中的"水墨 2.mp4"，在【源监视器】窗口，拖曳播放指示器，停在 16 帧的位置，单击【标记入点】按钮 或按快捷键【I】确定入点，拖曳播放指示器，停在 2 秒 16 帧的位置，单击【标记出点】按钮 或按快捷键【O】确定出点。将该段标记好的视频素材分 2 次依次拖曳到轨道 V2"水墨 1.mp4"后，并与之紧密排列。水墨素材剪辑后的【时间轴】界面如图 6.4.7 所示。

图 6.4.7　水墨素材剪辑后的【时间轴】界面

（9）导入与水墨素材配合使用的美食图片。拖曳播放指示器到 2 秒，将图片素材"扣肉.jpg""酥肉.jpg""云吞.jpg"依次拖曳到【时间轴】面板轨道 V1，每张图片时长 2 秒，如图 6.4.8 所示。

图 6.4.8　导入与水墨素材配合使用的美食图片

（10）给水墨素材添加亮度键特效。拖曳播放指示器到"水墨 1.mp4""水墨 2.mp4"上，在【节目监视器】中可看到水墨为黑色，对应轨道 V1 位置上的"扣肉.jpg""酥肉.jpg""云吞.jpg"图片不能显示。此时，在【效果】面板的搜索框中输入"亮度键"，找到【亮度键】，并将其拖放到【时间轴】轨道 V2 上的"水墨 1.mp4""水墨 2.mp4"上，拖曳播放指示器或单击【节目监视器】中的 ▶ 按钮进行播放，可见水墨效果的"扣肉""酥肉""云吞"以水墨风格出现在画面中，如图 6.4.9 所示。

图 6.4.9　水墨效果

提个醒

选中轨道 V2 上的"扣肉.jpg""酥肉.jpg""云吞.jpg"右击，在弹出的菜单中选择【缩放为帧大小】选项，也可通过单击【效果控件】|【缩放】命令，放大图片至合适大小。

（11）创建嵌套序列 01。在【时间轴】面板中，将播放指示器拖到 8 秒处，"胶片 1.psd"从【项目】面板的图片素材箱拖曳到轨道 V1，在"胶片 1.psd"处右击，选择【嵌套】选项，创建嵌套序列名为"嵌套序列 01"。

（12）在嵌套序列 01 添加第 1 组美食图片。双击进入"嵌套序列 01"，对应轨道 V1 的胶片位置，分别在轨道 V2、V3、V4、V5、V6 依次拖放时长为 5 秒的"牛巴 1.jpg""肉蛋.jpg""牛腩粉.jpg""酥肉.jpg""地豆饼.jpg"。分别选中以上图片，在【效果控件】中进行【位置】和【缩放】的适当设置与调整，使它们看起来正好处于胶片中的各个空白位置，效果如图 6.4.10 所示。

（13）在嵌套序列 01 添加第 2 组美食图片。选中【时间轴】面板上的"胶片 1.psd"，将其时长调整为 8 秒。对应轨道 V1 上的胶片位置，分别在轨道 V2、V3、V4、V5、V6 紧接第 1 组图片，依次拖放"牛巴 2.jpg""米花.jpg""沙田柚.jpg""荔枝.jpg""龙眼.jpg"，分别选中以上图片，在【效果控件】中进行【位置】和【缩放】的适当设置与调整，并按组合键【Ctrl+D】为两组图片间添加默认的"交叉溶解"转场效果。效果如图 6.4.11 所示。

（14）切换回到序列"玉林美食"。在【时间轴】面板，单击序列"玉林美食"，切换回到序列"玉林美食"。播放指示器停在 8 秒处，将"嵌套序列 01"从轨道 V1 移至轨道 V2，并将"嵌套序列 01"调整时长至 16 秒。

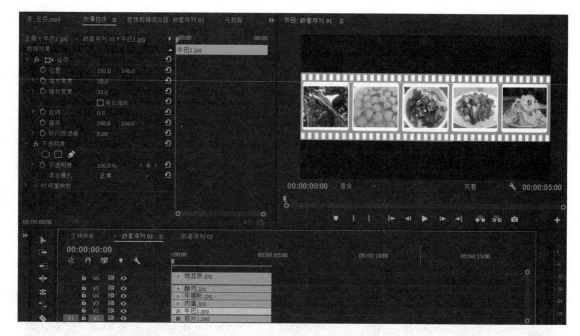

图 6.4.10　在"嵌套序列 01"添加第 1 组图片

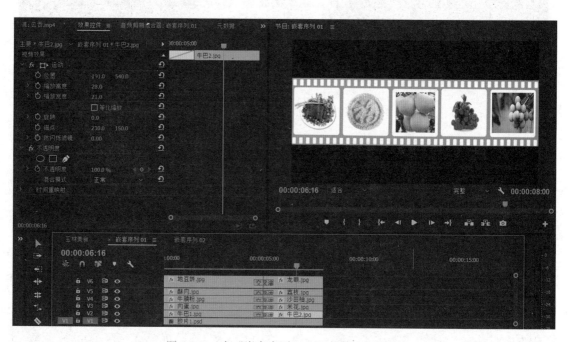

图 6.4.11　在"嵌套序列 01"添加第 2 组图片

（15）在序列"玉林美食"中进行"嵌套序列 01"的运动编辑。选中"嵌套序列 01"，在【效果控件】中设置【位置】与【缩放】，在【缩放】中设高为 60.0，宽为 100.0。用 2 秒的时间，即第 8 秒至第 10 秒，使"嵌套序列 01"完成从画面之外的右侧运行到画面中间。首先要将播放指示器移至 10 秒处，单击 ⊙ 按钮添加位置关键帧，参数为（960.0，760.0），播放指示器移至 8 秒处，设置【位置】为（2880.0，760.0）。此时，在【节目监视器】按 ▶ 键播放，可预览到胶片的运动效果。

（16）创建嵌套序列 02。将"胶片 2.psd"从【项目】面板的素材箱拖曳到轨道 V2"嵌套序列 01"之后，将其时长调整为 8 秒，即 16 秒至 24 秒。在"胶片 2.psd"处右击，选择【嵌套】选项，创建嵌套序列名为"嵌套序列 02"，设置【缩放】的高为 103.0，宽为 90.0。

（17）在嵌套序列 02 中对"广西十大小吃.mp4"进行视频剪辑。双击进入"嵌套序列 02"，双击【项目】面板视频素材箱中的"广西十大小吃.mp4"，在【源监视器】中预览该视频。播放指示器移至 1 分 16 秒 10 帧，按快捷【I】键确定入点；播放指示器移至 1 分 24 秒 9 帧，按快捷【O】键确定出点，将该段视频拖放至轨道 V2。在【时间轴】右击该视频，取消【缩放为帧大小】以及【取消链接】，选中分离后的音频素材删除。在【效果控件】中进行【位置】和【缩放】的适当设置与调整，使该视频看起来正好处于胶片中最上面的空白位置，设置【缩放】的高为 28.0，宽为 14.0。如图 6.4.12 所示。

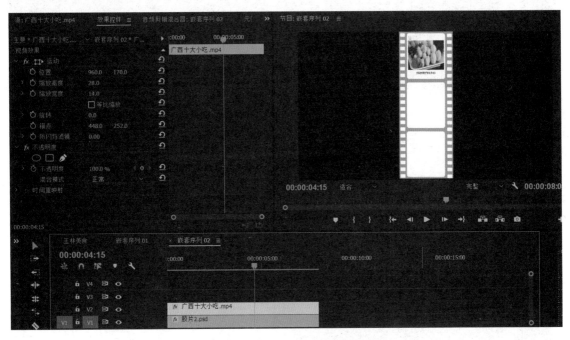

图 6.4.12　在"嵌套序列 02"添加第 1 段视频

（18）双击【项目】面板视频素材箱中的"牛巴.mp4"，在【源监视器】中预览该视频。播放指示器移至 7 秒 20 帧，按快捷【I】键确定打入点；播放指示器移至 15 秒 20 帧，按快捷【O】键确定打出点，将该段视频拖放至"嵌套序列 02"的轨道 V3。在【时间轴】右击该视频，取消【缩放为帧大小】以及【取消链接】，将选中分离后的音频素材删除。在【效果控件】中进行【位置】和【缩放】的适当设置与调整，使该视频看起来正好处于胶片中间的空白位置。设置【位置】为（960.0，540.0）；设置【缩放】的高为 28.0，宽为 16.0。

（19）双击【项目】面板视频素材箱中的"云吞.mp4"，在【源监视器】中预览该视频。在 50 秒 7 帧到 58 秒 7 帧之间确定入点和出点，将该段视频拖放至"嵌套序列 02"中，然后将其导入轨道 V4，进行视频的剪辑，使该视频看起来正好处于胶片最下面的空白位置。设置【位置】为（960.0，890.0），【缩放】的高为 28.0，宽为 15.0。效果如图 6.4.13 所示。

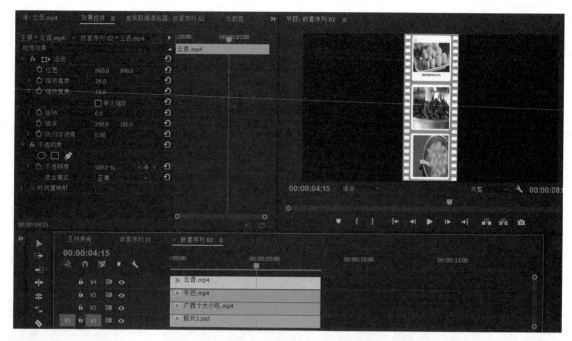

图 6.4.13　在"嵌套序列 02"添加完第 3 段视频

　　（20）添加背景视频。在【时间轴】面板，单击序列"玉林美食"，切换回到序列"玉林美食"。播放指示器停在 8 秒处，从【项目】面板的视频素材箱中将背景视频"光晕线条变幻.mp4"拖曳至轨道 V1"云吞.jpg"之后，并与其紧密排列。在【时间轴】上右击"光晕线条变幻.mp4"，取消勾选【缩放为帧大小】，在【效果控件】中进行【位置】和【缩放】的适当设置与调整，使其布满整个屏幕。由于 1 个背景视频文件不够长，还需再添加 1 次背景视频文件，以使两个嵌套序列都有背景视频。如图 6.4.14 所示。

图 6.4.14　在序列"玉林美食"添加背景视频

（21）在序列"玉林美食"中进行"嵌套序列02"的运动编辑。选中"嵌套序列02"，在【效果控件】中设置【缩放】高为105.0，宽为85.0。为使"嵌套序列02"通过3秒的时间，即第16秒到第19秒，从画面外的上方移动到画面中间，先将播放指示器移至19秒处，单击时间码表 ⌚ 按钮添加位置关键帧，参数设为（450.0，550.0），如图6.4.15所示。

图6.4.15　设置19秒处的位置关键帧

播放指示器移至16秒处，设置【位置】参数为（450.0，−550.0），则自动添加关键帧，如图6.4.16所示。此时，在【节目监视器】面板中按 ▶ 按钮播放，可预览到胶片自上而下的运动效果。

图6.4.16　设置16秒处的位置关键帧

（22）创建字幕"舌尖上的诱惑"并设置字幕运动。

进入【项目】面板中的【字幕素材箱】，新建字幕"舌尖上的诱惑"，设置【字体】为华文新魏，【字体大小】为100.0，【字体颜色】为黄色（R:255，G:255，B:0）。将播放指示器移到8秒，将字幕拖曳至轨道V3，并调整为与嵌套序列01同样长度。为使该字幕自画面之外的左侧运行至画面右侧，将播放指示器移至10秒4帧，设置【位置】为（1600.0，540.0），添加【位置】关键帧；播放指示器移动到8秒，将该字幕拖曳到轨道V3，设置【位置】为（−190.0，540.0），如图6.4.17所示。

图6.4.17　字幕"舌尖上的诱惑"动画设置

（23）创建字幕"传承经典"并设置字幕运动。新建字幕"传承经典"，垂直文本，【字体】为华文新魏，【字体大小】为100.0，【字体颜色】为黄色（R:255，G:255，B:0）。将播放指示器移至16秒，将字幕"传承经典"拖放到轨道V2字幕"舌尖上的诱惑"的后面，设置字幕时长4秒。设置【位置】关键帧，使该字幕从画面外由下而上运动，将播放指示器移至19秒，设置【位置】为（960.0，550.0），添加【位置】关键帧。播放指示器移至16秒，添加位置关键帧，设置【位置】为（960.0，1460.0），如图6.4.18所示。

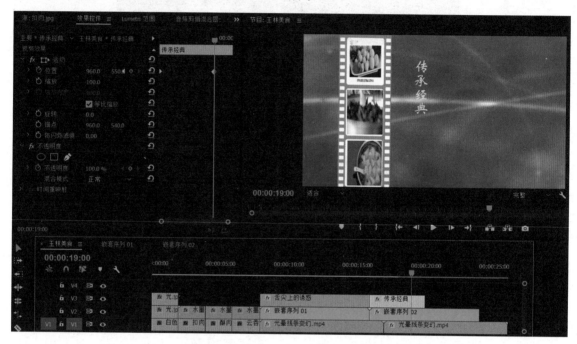

图 6.4.18　字幕"传承经典"动画设置

（24）创建字幕"美食传奇"并设置字幕运动。双击进入字幕"传承经典"编辑窗口，单击■按钮基于当前字幕新建字幕"美食传奇"。将播放指示器指向20秒，将字幕"传承经典"放于轨道V3字幕"传承经典"的后面，时长剪辑至24秒。在轨道V3中右击字幕"传承经典"，选择【复制】选项，右击字幕"美食传奇"，在弹出的菜单中选择【粘贴属性】选项，单击【确定】按钮。这样，字幕"美食传奇"就从字幕"传承经典"中复制来运动属性的设置，实现与字幕"传承经典"同样的自下而上的运动。

（25）创建字幕"敬请观看"并设置字幕运动。进入【项目】面板中字幕素材箱，双击字幕"舌尖上的诱惑"，进入【字幕】窗口，单击■按钮【基于当前字幕新建字幕】，删除原有文字，输入"敬请观看"完成字幕的创建，并将新建的字幕拖曳至轨道V3字幕"美食传奇"的后面。此时，需要在轨道V1末尾再加一段背景视频，时长至29秒。

（26）绿屏抠像。在【时间轴】中将播放指示器移到18秒，从【项目】面板的图片素材箱拖曳"厨师.jpg"到轨道V4，时长调整至24秒。选中"厨师.jpg"，在【效果控件】中设置【缩放】为65。单击【效果】|【颜色键】命令，进行绿屏抠像，如图6.4.19所示。

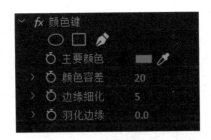

图 6.4.19　利用颜色键进行绿屏抠像设置

（27）厨师动画。将播放指示器移到第 19 秒，选中轨道 V4 上的"厨师.jpg"，在【效果控件】中设置【位置】为（1400.0，540.0），添加【位置】关键帧；将播放指示器移回到第 18 秒，设置【位置】为（2200.0，540.0），自动添加【位置】关键帧。此时，播放预览，可见厨师从画面外的右侧进入画面中。将播放指示器移到第 20 秒，在【效果控件】中设置【位置】为（1400.0，760.0）；将播放指示器移到第 23 秒，设置【位置】为（1400.0，540.0）。如图 6.4.20 所示。

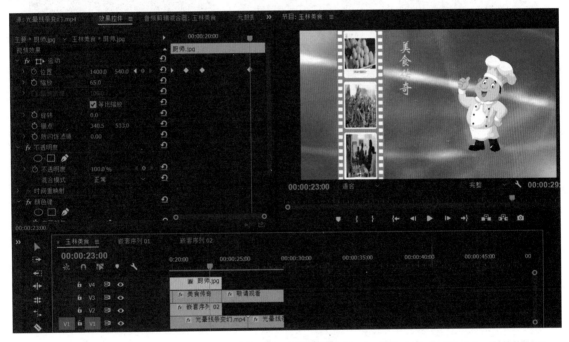

图 6.4.20　厨师动画

（28）片头标题编辑。将播放指示器移到第 24 秒，从【项目】面板中的图片素材箱中找到"玉林美食.png"，将其拖曳至轨道 V2 的最后，与前面素材紧密排列，调整图片时长 5 秒。对标题设置缩放运动，将播放指示器移到第 24 秒，选中"玉林美食.png"，在【效果控件】中设置【缩放】为 0，添加缩放关键帧；将播放指示器移到 26 秒、27 秒时，设置【缩放】分别为120.0 和 100.0，实现标题的缩放效果，如图 6.4.21 所示。

（29）为"玉林美食.png"添加【效果】镜头光晕特效。将播放指示器移至 25 秒和 28 秒时，镜头光晕的设置分别如图 6.4.22 和图 6.4.23 所示。

（30）为"玉林美食.png"添加【效果】中的光照效果。设置环境光照颜色为黄色（R：255,G：255,B：0），【环境光强度】为 60.0。设置如图 6.4.24 所示。

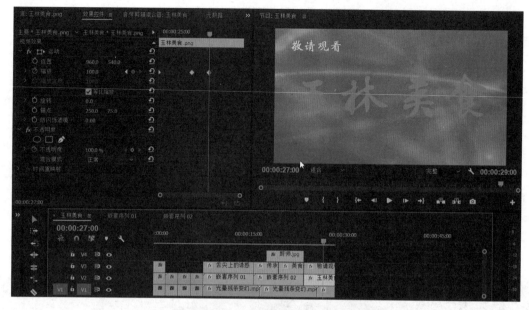

图 6.4.21　标题缩放设置

图 6.4.22　镜头光晕设置（25 秒时）

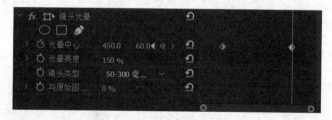

图 6.4.23　镜头光晕设置（28 秒时）

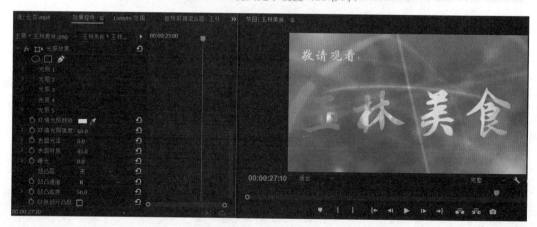

图 6.4.24　光照效果设置

（31）将播放指示器移到 0 帧，选中【项目】面板中音频素材箱中的"背景音乐.mp3"，将其拖曳到【时间轴】的音频轨道 A1。将播放指示器移到 29 秒，用【剃刀】工具 ✂ 剪辑音频文件，删除后面部分。在音乐的开始和结尾处添加【音频】关键帧 ◇，设置背景音乐的淡入与淡出。如图 6.4.25 所示。

图 6.4.25　设置背景音乐淡入与淡出

（32）在【节目监视器】窗口中，单击【播放】按钮，预览影片。

（33）选中 V3 视频轨道的字幕"敬请观看"，在【效果控件】中设置【不透明度】，实现字幕"敬请观看"的淡入与淡出效果。

（34）保存、输出编辑结果，生成"玉林美食"影片。其中，导出设置为格式为 H.264，预设为匹配源-高比特率，基本视频设置为 1920×1080。

5．交流拓展

搜索、收集、拍摄以旅游风光或民俗风情为主题的图片、视频素材，以 Premiere CC 软件为主，适当辅以运用第三方软件，如 Photoshop、After Effects、3ds Max 等软件，综合进行创作与合成，使影片表现元素更为丰富、生动，主题鲜明、突出，增加影片画面的可视效果。

请读者利用教学资料包中本节的拓展素材制作一个魅力时装秀的宣传片头，效果如图 6.4.26 所示。

图 6.4.26　魅力时装秀的宣传片头效果图

反侵权盗版声明

电子工业出版社依法对本作品享有专有出版权。任何未经权利人书面许可，复制、销售或通过信息网络传播本作品的行为；歪曲、篡改、剽窃本作品的行为，均违反《中华人民共和国著作权法》，其行为人应承担相应的民事责任和行政责任，构成犯罪的，将被依法追究刑事责任。

为了维护市场秩序，保护权利人的合法权益，我社将依法查处和打击侵权盗版的单位和个人。欢迎社会各界人士积极举报侵权盗版行为，本社将奖励举报有功人员，并保证举报人的信息不被泄露。

举报电话：（010）88254396；（010）88258888

传　　真：（010）88254397

E-mail：　dbqq@phei.com.cn

通信地址：北京市万寿路 173 信箱

　　　　　电子工业出版社总编办公室

邮　　编：100036